L. W. Schaufuss

Monographie der Scydmaeniden Central- und Südamerika's

L. W. Schaufuss

Monographie der Scydmaeniden Central- und Südamerika's

ISBN/EAN: 9783744626170

Hergestellt in Europa, USA, Kanada, Australien, Japan

Cover: Foto ©berggeist007 / pixelio.de

Weitere Bücher finden Sie auf **www.hansebooks.com**

Monographie
der
Scydmaeniden
Central- und Südamerika's.

Von

L. W. Schaufuss,

Dr. phil. & Mag. art., der Kaiserlich Leopoldino-Carolinischen deutschen Academie, der Societé entomol. de France, des entomol. Vereins in Stettin, der k. k. zoologisch-botanischen Gesellschaft in Wien, der naturforschenden Gesellschaft in Görlitz, der Societas Entomologica Rossica in Petersburg, der Entomological Society in London, der Isis und des geographischen Vereins in Dresden, etc. wirkliches oder correspondirendes Mitglied.

Mit vier Tafeln.

Eingegangen bei der Akademie im Juli 1866.

Dresden.
Druck von E. Blochmann & Sohn.
1866.

Monographie

der

Scydmaeniden

Central- und Südamerika's.

Von

Dr. L. W. Schaufuss.

Mit vier Tafeln.

Eingegangen bei der Akademie im Juli 1866.

Dresden.

Druck von E. Blochmann & Sohn.

1866.

Vorwort.

Mag es gewagt erscheinen, zur Jetztzeit, in welcher die Faunen cultivirter und, man möchte glauben, gründlich durchforschter Ländergebiete, jährlich noch durch Auffindung einer ziemlich bedeutenden Menge unbeschriebener Thiere bereichert werden, eine Monographie der Scydmaeniden von Central- und Südamerika zu geben, so tritt doch eine solche Arbeit als Nothwendigkeit heran, wenn gegenüber den bis jetzt beschriebenen neun Scydmaenen Mittel- und Süd-Amerika's,[1] fast deren zehnfache Zahl — so weit mir bekannt — nach und nach entdeckt und den europäischen Sammlungen einverleibt worden ist.

Als vor vier und vierzig Jahren Müller und Kunze die Monographie der Ameisenkäfer schrieben, welche in den Schriften der naturforschenden Gesellschaft zu Leipzig 1823, T. 1, p. 383—387, abgedruckt wurde, mögen diese Autoren wohl von demselben Gefühle begeistert worden sein, welches mich heute ergreift; dass nämlich in fünfzig Jahren die Summe der bisher bearbeiteten Scydmaeniden sich nur als ein kleiner Theil der wirklich existirenden Arten erweisen wird. Man kennt gegenwärtig circa neunzig Europäer und ich bin überzeugt, dass Mittel- und Südamerika seinerzeit wenigstens zweihundert und fünfzig Scydmaeniden aufzuzeigen haben werden.

---

[1] Scydmaenus bicolor, F., testaceus, castaneus, validicornis, crassicornis, rubens, brunneus, affinis et cognatus, Schaum Analecta entom.

Trotzdem finden sich die Scydmaeniden selbst in den besten Sammlungen spärlich vertreten, und nur dem vertrauensvollen Entgegenkommen der Herren von Bonvouloir, von dem Bruck, Reiche und Riehl verdanke ich, dass das vorliegende Material noch so reichlich ausfällt.

Da ich nun etwa achtmal mehr bieten kann, als Schaum vor sechszehn Jahren,[1]) gehe ich getrost ans Werk, und wünsche, man möge meinen Beitrag zur Fauna Amerika's freundlich aufnehmen.

Nicht umhin kann ich, ausser den genannten Herren, die mir ihre Sammlungen von Scydmaeniden zur Disposition stellten, noch folgenden meinen aufrichtigsten Dank abzustatten: Herren Geheimen Hofrath Dr. L. Reichenbach und Prof. Dr. Peters für die Erlaubniss der Benutzung Schaum'scher und Maerkel'scher Typen der Königl. Naturhistor. Museen zu Dresden und Berlin, Herrn Dr. C. A. Dohrn für gestattete Vergleichung verschiedener Scydmaeniden mit den seinigen, und Herrn H. Vogel, welcher mit bewundernswerthem Fleisse und unverdrossen ob der oft tadelhaft erhaltenen Exemplare mit gründlicher Sorgfalt die Zeichnungen der minutiösen Thierchen ausgeführt hat.

Besitzer von abgebbaren Scydmaeniden, Psclaphiden und Paussiden werden mich verbinden, wenn sie mir davon — besonders Nicht-Europäer — gegen Aequivalent überlassen, und dadurch die spätere Completirung meiner Arbeit fördern wollen.

Sämmtliche in meinem Museum vertretene Arten sind mit * bezeichnet.

Meine etwas ausführliche Einleitung, worin ich Alles auf dem Gebiete der Scydmaenen-Literatur überhaupt Geleistete berührt oder wiedergegeben habe, wird hoffentlich Denen nicht unwillkommen sein, welche sich gern mit diesen Pygmäen der Käfer beschäftigen.

———

[1]) l. c.

Dresden, Juli 1866.

D. V.

Einleitung.

Literatur.

Die Classification irgend welcher, von der Natur gebotenen Gegenstände ist entweder nur die Brücke, die dem Gedächtnisse gebaut wird, um sich, wenn nöthig oder wünschenswerth, eines bestimmten Objectes zu erinnern, oder die Kenntlichmachung distincter Gegenstände, derart, dass Zeitgenossen und Nachkommen aus der gegebenen Einordnung ermitteln können, welches Ding der Autor gemeint hat.

Bei jeder, sich mit Beschreibung verschiedener unter einander ähnlicher, aber nicht identischer Objecte befassenden Arbeit, ist es demnach allererste Wichtigkeit, von den Leistungen der Autoren Kenntniss zu nehmen, welche auf gleichem Felde thätig waren.

Die Scydmaeniden-Literatur — früher so bescheiden — erstreckt sich dermalen über drei Erdtheile: ein erfreulicher Beweis für die Fortschritte der descriptiven Naturwissenschaft.

Einen Literatur-Nachweis enthält Haagen's Bibliotheca entomologica, Leipzig 1863, pag. 427. — Haagen, diese Zierde deutschen Fleisses, führt darin elf Arbeiten auf, welche in dem Nachstehenden mit aufgenommen sind.

Ueber Scydmaeniden haben geschrieben:

Illiger, Joh. Carl Wilh., Die Käfer Preussens, Halle 1798, pag. 291 (Pselaphus hirticollis, Ill.); ferner im Magazin für Insecten, I u. III, Braunschweig 1802 u. 1804.

Herbst, Joh. Fr. Wilh., Natursystem aller bekannten in- und ausländischen Insecten, Berlin 1785—1806, Bd. 1—10, Käfer. (In Band IV, 111, 3, Taf. 39, Fig. 12 Pselaphus Hellwigii, Hbst.)

Fabricius. Joh. Christian, Systema Eleutheratorum, I. Kiliae, Bibliopol. acad. 1801. (pag. 292, 16, Anthicus bicolor, pag. 327, Ptinus spinicornis, F.)

Latreille. Piérre André, Genera crustaceorum & Insectorum I, pag. 282, Tab. 13, Fig. 3. Parisiis et Argentorat. 1806. (Seydmaen. Godarti, Latr.); vorher in Histoire naturelle générale et particulière des crustacés et des Insectes, T. IX, p. 186. Paris 1804. (Die Gattung Mastigus festgestellt.)

Gyllenhal, Leonh., Insecta Suecica descripta, Scaris & Lipsiae 1808—1827. (T. III, 1813, pag. 683. Scydm. Welterhalii, Gyll., T. IV, 1827, p. 321, 1—2.)

Müller. Philipp Ludwig Statius, und **Kunze,** Gustav, Monographie der Ameisenkäfer, l. c. Leipzig 1823.

Say, Thomas, Long's Expedition to St. Peters River, II, p. 273, 3. (Scydm. clavipes et brevicornis, Say), anno 1823.

    Anmerkung. Die Citate Schaum's in Analect. ent. p. 18 & 19, Journal of the Academy of Natural Science of Philadelphia, Append. 272 & 273, sind nach Le Conte, Procedings of the Academy of Nat. Science of Philadelphia, Vol. VI, 1852—53 (1854), p. 153. Anmerk., unrichtig.

Klug, Joh. Christoph Friedr., Entomologische Monographien, 10 Tab., pag. 161—168, Berlin 1824. (Mastigus.)

    Klug beschreibt hier: Mast. palpalis, Latr., glabratus und fuscus n. sp., und citirt Mastigus deustus et flavus, Schh. (Syn. Ins. I, 2,

p. 59, Nr. 2. 3. — Notoxus deustus et flavus. Thunberg, Nov. Ins. species p. 101, diss. acad. III, p. 220), sowie M. (Ptinus, F.) spinicornis, F.

    Anmerkung. Lacordaire, Genera d. Col. II, p. 190 citirt falsch. Klug führt l. c. den Mastigus prolongatus, Gory, gar nicht auf, dagegen den M. spinicornis F.; auch beschreibt er nur oben erwähnte drei Arten.

Denny, Henry, Monographia Pselaphidarum & Scydmaenidarum Britanniae, p. 49—72, tab. 11—14.

Laporte, F. L. de, „Mémoire sur cinquante espèces nouv. ou peu connues d'insectes", in Annales d. l. Soc. Ent. d. France, 1832, T. 1, p. 396, 397. (Beschreibung der Gattungen und Art Clidicus grandis, Cast., & Eumicrus; dasselbe ist wiederholt in seinen Etudes entomologiques, 1e. Partie p. 137 u. 138. Paris 1835.)

Stephens, James Francis, Illustrations of British Entomology, Ent. V. Append. London 1832. (Eutheia scydmaenoides! — die Schaum als Scydmaenus abbreviatellus beschrieb, Anal. ent. p. 30.)

Géné, Carlo Giuseppe, De quibusdam Insectis Sardiniae novis aut minus cognitis (Mem. Accad. Torin. 1836); p. 21. (Scyd. Kunzei, Géné.)

Motschulsky, Victor von, in Bulletin de la Soc. Impériale de Moscou, 1827, p. 120, 7, Fig. d. D. (v. Scydm. Motschulskyi St.); T. VI, Fig. 17 (Sc. Kunzei, Géné); 1845, pag. 48—50. (Scydmaenus tauricus, longicollis, conicollis, californicus, Eutheia flavipes, Motsch.)

    Anmerkung. Von Motschulsky giebt seine Etudes entomologiques, die ich in Nächstfolgendem citire, ohne Register, dabei Vieles darin in Form von Erzählung, meist aber ohne systematische Reihenfolge, und ohne die Uebersicht erleichternde Absätze. Sollte daher von mir, trotz specieller Durchsicht der sämmtlichen elf Jahrgänge Etudes, ein Citat übersehen sein, so möge man dies entschuldigen. Jedenfalls würde aber die

Wissenschaft so wenig dabei verlieren, als ihr durch nachstehende Aufzählung Motschulsky'scher Notizen über Scydmaenen genützt ist.

Etudes entomologiques, I, p. 18. Helsingfors 1853. (Scydmaenus saturellus, Motsch.); — III, p. 4, Helsingfors 1854 (Sc. atomus, Motsch.); — IV, p. 14, c. tab. (Microstemma, Motsch., Scydm. nigriceps, tenuicornis, transversus, Motsch.); — V, p. 26, c. tab., Helsingfors 1856 (Euprinoides glabrellus, Scydmaenoides nigrescens, Motsch.); — VI, p. 57, Helsingfors 1857 (Microstemma, Motsch.); — VII, p. 29—32, Helsingfors 1858 (Eumicrus crassicornis, Motsch. — NB. Die erste brauchbare Beschreibung! — Eumicr. longicornis, obtusus, sericeicollis, Motsch. i. l, Seydmaenus latipennis — beschrieben! — procer, Nietneri, brunnipennis, cyrtocerus — beschrieben! — trinodis, Cephennium breviusculum, Motsch. — Letzteres auch beschrieben!); — pag. 178 corrigirt er Mr. Lacordaire, hält für ungeflügelt nur die Gattungen Leptoderus, Mastigus, Eumicrus, mit Ausnahme des rufus, (Tetramelus n. Gen., meines Wissens nirgends characterisirt, oder nur dadurch, dass Scydm. oblongus, pubicollis et styriacus dazu gehören sollen — also wohl Neuraphes, Thoms. —) und glaubt, dass nur noch einige Scydmaenen, als Sc. Godarti, scutellaris angulatus, elongatus, ungeflügelt sind.

Anmerkung. Es ist nicht zu verkennen, dass durch diese kurze Notiz sich v. Motschulsky als ausgezeichneter Beobachter mit Falkenauge und gutem Gedächtnisse documentirt; um so mehr thut es mir leid, dass seine Arbeiten über Scydmaeniden nicht zum dritten Theil zu beachten sind, weil sie meistens als Reiseerinnerungen flüchtig notirt wurden.

— VIII, p. 131, Helsingfors 1859. (Beschreibung von Mastigus acuminatus.)

Sturm, Jacob, Deutschlands Insecten, 13. Band, Nürnberg 1838. (Scydmaenus oblongus, St.)

Germar, Ernst Friedrich, Fauna Insectorum Europae, Fasc. XXII, Nr. 3. (Scydmaenus antidotus.)

Gory, Hippolyte Louis, Note sur quelques Coléoptères recueillis en Galice par le voyageur Deyrolle, et description de trois espèces nouvelles, in Revue Zoolog. von Guérin-M. 1839, p. 328. (Mastigus prolongatus, Gory.)

Erichson, Wilh. Ferd., Käfer der Mark Brandenburg. I, p. 254. (Scydmaenus exilis) Berlin 1839.

Schaum, Herm. Rudolph, Analecta Entomologica, Dissertatio inauguralis, Hallae 1841, Seite 1—31 enthält die Monographie der Scydmaenen, 47 Arten umfassend; 32 Arten waren vorher schon bekannt, 13 beschrieb Schaum, und zwar ausser den unterm Vorworte erwähnten 8 Arten, noch: Sc. Helferi von Sicilien, rubicundus aus der sächsischen Schweiz, perforatus aus Pensylvanien, cinnamomeus von Bengalen und Zimmermanni aus Carolina, N.-Am; 2 beschrieb Kunze: gibbosus et deflexicollis von Madagascar.

Die Irrthümer dieser Monographie, welche auch unter dem Titel: Symbolae ad monographiam Scydmaenorum Insectorum generis. Halis 1841, Dissert. inaug. erschien, — Scydm. Chevrieri collaris; exilis nanus; die Bezeichnung des abbreviatellus mit scydmaenoides, — verbesserte Schaum in Germar's Zeitschrift für Entomologie, T. V, pag. 459—472, Leipzig 1844, durch „Nachträge zur Monographie der Gattung Scydmaenus". — Dieser Nachtrag hat unbedingt weit höheren Werth als die Monographie selbst, und erforderte eine grosse Anzahl Specialuntersuchungen; nebenbei wurden als neu beschrieben: Scydmaenus rotundipennis aus Syrien, helvolus aus Hessen, styriacus aus Steyermark, intrusus aus Syrien und Sicilien, und vulpinus aus Arabien.

1851 beschrieb Schaum in den Annales d. l. Soc. entom. d. Fr. p. 399 eine Varietät des Scydmaenus Motschulskyi unter dem Namen Scydm. Kiesenwetteri; endlich finde ich, Berliner entomologische Zeitung, 1859, p. 50, seine Beschreibung des Scydm. conspicuus et Ceph. fulvum.

Aubé, Charles, gab in den Annales d. l. Soc. entom. d. Fr., 1842, p. 234 die Beschreibung des Scydm. (Cephen.) minutissimus; ferner ebendaselbst p. 253 die des Scydm. (Cephen.) laticollis; desgleichen 1853 im Bulletin p. 9 „Note sur Cephennium Kiesenwetteri"; ebenso 1861, p. 197 Beschreibung von Scydmaenus myrmecophilus.

Mannerheim, Carl Gustav von, beschrieb im Bullet. d. Nat. de Moscou 1844, p. 193 den Scydmaenus Mäklini.

Chaudoir, Maximilien de, in Bullet. d. Nat. de Moscou 1845, p. 187—189, Scydmaenus minutus, parallelus, propinguus et tuberculatus collaris M. & K., fimetarius — hirticollis, Ill. var.

Kolenati, Friedrich A., Meletemata Entomologica, III, p. 32, Petropoli 1846. (Scydm. Steveni, Cephennium perispunctum.)

Bohemann, Carl H., Scydmaenii, Pselaphii och Clavigeri funna i Sverige. Öfvers. K. Vet. Acad. Foerhdl. 1850, p. 265—279; und Insecta Caffraria, annis 1838—45 a J. A. Wahlberg collecta. Col. Holmiae 1848, p. 523—528. (Mastigus calfer, pilicornis, longicornis, bifoveolatus, Scydm. longicornis, Boh.)

Lucas, Hippolyte, L'Histoire nat. des animaux artic. de l'Algérie, T. II, p. 132, Paris 1849. (Scydm. angustatus, Luc.)

Jaquelin du Val, Camille, Description d'un genre nouveau (Chevrolatia) et de quelques espèces nouv. de Coléoptères d'Europe. Annal. d. l. Soc. ent. d. Fr. 1850, p. 45 -52.

Kiesenwetter, Ernst Aug. Hellmuth von, in Annal. d. l. Soc. ent. de Fr. 1851, p. 349 (Scydm. Ferrarii); p. 398 (Scydm. Schiödtei et Loewii); p. 404 (Scydm. tritonius intrusus ♀); sowie Berliner entom. Zeitschrift 1858, p. 45 (Eutheia Schaumii, Ksw)

Le Conte, John L., Synopsis of the Scydmaenidae of the United States, in Proc. Acad. Nat. Sc. Philadelphia 1852, T. 6, p. 149—157.

Classification of the Coleoptera of N. America. Washington 1862, Part. I, pag. 53, 54.

List of the Coleoptera of N. America. Washington 1863, Part. I.

New Species of North American Coleoptera. Washington 1863, Part. I, pag. 26—27.

In der Synopsis bringt Le Conte die Nordamerikanischen Scydmaeniden auf 29, und zwar: 1 Cephennium (corporosum Le Conte) und 28 Scydmaenus (Sc. subpunctatus; Mariae; cribrarius, Le Conte; perforatus, Schaum; sparsus, angustus, Schaumii; flavitarsis, fossiger, capillosulus, basalis, hirtellus, analis, brevicornis, rasus, obscurellus, clavatus, Le Conte; clavipes, Say; consobrinus, bicolor[1]), salinator, fatuus, misellus, gravidus, fulvus, gracilis, Le Conte; Zimmonnani (Zimmermanni), Schaum; et californicus, Motsch. Die Gattung Brathinus, Le Conte, schied der Autor später aus.

In New Species etc. sind als neu publicirt: Microstemma grossa, Motschulskii[2] et Scydmaenus pyramidalis.

Lacordaire, Jean Theod., Genera des Coléoptères, II, p. 183—191. Paris 1854.

Pirazzoli, Coleopteri italici genus novum Leptomastax. Imola 1855; nochmals in den Annales d. l. Soc. ent. d Fr. 1856, p. 528, pl. XVI, Nr. 2, Fig. 1.

Fairmaire, Leon, publicirte in den Ann. d. l. soc. ent. d. Fr. 1856, p. 526, pl. XVI, Nr. II, Fig. 2 die Gattung Pyladus; 1859, p. 216 Mastigus liguricus: p. 235—36 Scydm. haematicus, semipunctatus, subcordatus et Cephennium intermedium, Frm.; 1861, p. 579, Scydm. sulcatulus et muscorum, Frm.; anderweit Scydm. conicicollis (Col d. Fr. p. 352?).

Nach Strauch, Catal. System., Halle 1861, ist Pyladus Coquereli, Fairm. = Leptomastax hypogaeum Pirazzoli; meines Wissens existirt von Pyladus nur das einzige Exemplar in Fairmaire's Sammlung.

---

[1] Der Name ist dreifach da. Er wurde schon von Fabricius, Syst. 1, p. 292, 6; dann von Denny l. c. p. 68 vergeben. Ich schlage vor, den Scydmaenus bicolor, Le Conte: „Scydm. Lecontei" zu nennen. Für den Denny'schen ist bereits die Bezeichnung „nanus" angenommen.

[2] Auch vergeben. Scydm. Motschulskii wurde bereits vor 28 Jahren von Sturm l. c. beschrieben. Ob dieser Scydmaenus nun in die Abtheilung Microstemma, Motsch., oder in eine Thomson'sche Gattung gehört, ist gleichgültig: ein Scydmaenus bleibt er, und muss daher umgetauft werden. Ich schlage für den Le Conte'schen Scydm. Motschulskii die Benennung: „Scydmaenus (Microstemma) inconspicuus" vor.

Saussure, Henry F. de, Description de trois coléoptères nouveaux pour la faune européenne, in Annal. d. l. Soc. ent. d. Fr. 1859, p. 97. (Scydmaenus distinctus, Sauss.)

Coquerel, Charles, veröffentlichte in Annal. d. l. Soc. ent. d. Fr. 1860, p. 145—148 die Beschreibungen fünf neuer Scydmaenen aus Algier. (Sc. abditus, spissicornis, promptus, protervus et furtivus Coq.)

Brisout de Barneville, Charles, Espèces nouvelles de Coléoptères français, in den Ann. d. l. Soc. entom. d. Fr. 1861, p. 597. (Leptomastax Delarouzei, Briss.); p. 598 (Scydm. confusus, Briss.); ferner im Anhange des Catalogue des Coléoptères de France von Grenier, Paris 1863, welcher betitelt ist: Matériaux pour la faune française, findet sich die Publication eines Scydmaeniden (Eumicrus Delarouzei, Briss.).

Fuss, Karl, „Die Siebenbürgischen Scydmaenen-Arten", Verhandl. und Mittheil. des Siebenbürgischen Vereins für Naturw., 1860, T. II, p. 127—133.

Mulsant, Etienne, Opuscules entomologiques, 1861, p. 65—67. (Scydm. longicollis, carinatus, und Eutheia linearis Muls.)

Thomson, C. G., Scandinavien's Coleoptera, Tom. IV, p. 77—92, Lund 1862.

Saulcy, Félicien de, giebt im Catalogue von Grenier l. c. p. 10—11 die Beschreibungen von zwei neuen Scydmaenen (Scydm. Raimondi et Linderi, Saulc).

King, R. L., Transactions of the Entomological Society of New-South-Wales, Vol. I, 1864. Part the second p. 91. On the Scydmaenides of New-South-Wales.

Die sonstigen mir bekannten Schriftsteller über Scydmaeniden haben für diese Familie insofern keine Bedeutung, als sie Arten creirten, welche schon publicirt waren, oder Combinationen gaben, worin die Scydmaeniden

Platz fanden, ohne mit neuen Untersuchungen über dieselben die Wissenschaft zu bereichern, oder endlich Faunen bearbeiteten, welche nichts Neues für Seydmaeniden boten. (Sahlberg, Zetterstedt, Heer, Redtenbacher, Scriba, Preller, Schrank, Paykul etc.)

Aufenthalt und geographische Verbreitung.

Die Scydmaenen leben unter abgefallenem und fauligem Laube und können daraus am Vortheilhaftesten durch das Sieb erbeutet werden. Ausserdem finden sie sich unter Steinen, Abraum, seltener unter Baumrinden oder in Ameisennestern. Sie sind bei uns, wenn die Witterung nicht zu kalt ist, von Ende Februar bis zum Herbst zu erlangen. An warmen Frühlingstagen klettern sie, wenn sich der Tag neigt und die Sonne sich anschickt, ihren Scheidegruss zu senden, an Grashalmen und niedrig wachsenden Pflanzen empor, und dies ist der geeignete Moment, sie mit Hülfe des Käschers zu sammeln. Es gewährt einen reizenden Anblick, diese zarten Thierchen behend die Spitze eines Halmes erklimmen, und darauf rasten zu sehen, gleichsam als ob sie nach des Tages Last ihren Spaziergang machten, frische Luft und Lust und neuen Eifer für die kommende Arbeit, der Erhaltung in dunkler, kühler Erde zu schöpfen.

In Ameisenhaufen leben u. a. folgende Arten: Seydmaenus Godarti, Latr., unter Formica rufa, L., und Lasius fuliginosus, Latr.; Seydmaenus scutellaris, M. u. K., unter Formica cunicularia, Latr., rufa, L., und Lasius fuliginosus, Ltr.; Seydmaenus angulatus, M. u. K., elongatus, M. u. K., rubicundus, Schaum, hirticollis, Gyll., und claviger, M. u. K., unter Formica cunicularia, Ltr.; Eutheia scydmaenoides, Steph., unter Formica rufa, L., etc. —

Von fossilen Scydmaeniden wurde von v. Motschulsky, Etudes entom. V, p. 27 eine Gattung mit einer Art durch folgende Worte bekannt gemacht:

„Scydmaenoides nigrescens, Motsch.", forme de nos Scydmaenus, de couleur noire, antennes avec une massue de 4 articles" (!) Dieser Scydm. nigrescens ist in Bernstein eingeschlossen, und befand sich in der Sammlung des Herrn Berend in Danzig.

Die geographische Verbreitung der Scydmaeniden ist zur Zeit nur sehr unvollständig erörtert, und dürfte vorliegende Arbeit zur Statistik derselben Einiges beitragen. Das, was bis jetzt darüber bekannt ist, halte ich für viel zu unzureichend, um eine feste Annahme über deren etwaige Verbreitung danach aussprechen zu können — doch sei es versucht.

Bei dem grossen Eifer unserer Zeit, Alles zu entdecken, was bisher der Forschung verborgen blieb, — bei dem mit innigsten Danke anzuerkennenden Wohlwollen, das hochherzige Regenten und erleuchtete Regierungen der Naturwissenschaft angedeihen lassen, indem sie scientifische Expeditionen nach fernen Ländern senden, Reisende und Institute unterstützen u. s. w., kann es nicht ausbleiben, dass auch die Kenntniss der geographischen Verbreitung der Thiere überhaupt sowohl, als ihrer Familien, Gattungen und Arten im besondern, gefördert wird. — „Natura maxime miranda in minimis", — wird aber leider zum grössten Theile von den im Auslande sammelnden Entomologen und Nicht-Entomologen vergessen; und daher kommt es, dass wir bis jetzt von den Scydmaeniden, als selbstständige, anerkannte Arten nur circa 170 beschrieben finden. Diese vertheilen sich folgendermaassen:

Europa: circa 90 Arten, von welchen jedoch 5 auch in Nord-Afrika, eine in Asien und eine in Nord-Afrika und Asien gleichzeitig vorkommen.
Asien: circa 12, inclusive zweier auch in Europa einheimischer.
Afrika: circa 22, obenerwähnte 5 Arten mit einbegriffen.
Amerika: circa 45, und zwar Nord-Amerika 35, Süd-Amerika mit den Antillen 10.
Australien: 1, ohne die von King in neuester Zeit beschriebenen.

Wollte man indess von dieser Zusammenstellung auf das Vorhandensein der zur Erhaltung so und so vieler Arten von Scydmaeniden erforderlichen Bedingungen eines jeden der gedachten Erdtheile schliessen, so würde man zu einem ganz falschen Resultate gelangen: denn z. B. die 10 Central- und Süd-Amerikaner bekommen durch meine Monographie allein etwa „60!" Collegen.

Nehme ich nun an, dass Europa am besten durchforscht sei, — trotzdem es jedes Jahr (wenn auch in den letzten in abnehmender Progression) noch Neues auf dem Gebiete der Entomologie liefert, — so steht doch in Anbetracht, dass Russland, die Türkei, selbst Griechenland, Italien und die Pyrenäische Halbinsel, noch lange nicht genügend explorirt sind, zu erwarten, dass mindestens noch zwanzig Arten Scydmaeniden unsern Erdtheil bewohnen, die den Käfersammlern bis hierher noch nicht in die Hände fielen. Es würden demnach in Europa praeter propter 110 Species vorkommen, wovon jedoch etwa zehn Procent als Ueberläufer aus Afrika und Asien zu betrachten sein dürften, und würden darunter speciell die Arten zu verstehen sein, welche sowohl an der Nordküste Afrika's (Chevrolatia insignis, Scydm. Helferi, antidotus etc.), als in Süd-Europa oder in Syrien und Griechenland (Scydm. rotundipennis, intrusus), aufgefunden worden sind, oder noch dies- und jenseits des Uralgebirges, der Kirgisensteppe und des europäischen süd-östlichen Russlands entdeckt werden.

Dadurch würde sich die Zahl der europäischen Scydmaeniden auf 100 abrunden.

Nimmt man den Erdoberflächenraum Europa's — jede Einheit Einem Tausend Quadratmeilen entsprechend — zu 180, Asien zu 800, Afrika zu 530, Amerika zu 730, Australien zu 180 an, so könnte man folgern — wenn man für Europa bei 100 Arten Scydmaeniden stehen bleiben will — Asien müsse 445, Afrika 295, Amerika 405, Australien 100 Scydmaeniden-Arten bergen. Diese Annahme würde jedoch nicht richtig sein, weil die Bedingungen, unter welchen Scydmaeniden leben können, nicht auf allen Theilen der Erdoberfläche in gleichem Grade vorhanden sind.

Bedenkt man aber die Genügsamkeit und das Ausharrungsvermögen dieser kleinen Geschöpfe in den verschiedensten Klimaten, von denen wir z. B. Eutheia plicata, Gyll., von Steyermark bis Lappland begegnen können, so schliesst man vielleicht mit Unrecht die Bodenfläche über dem 70. Grad nördlicher Breite als für das Vorkommen von Scydmaeniden ungeeignet aus. Trotzdem nehme ich an, dass Asien in dem nördlichen Sibirien, und Nordamerika über dem Polarkreise nichts oder wenig von Scydmaeniden aufzuweisen hat. Von Asien müssen ferner abgerechnet werden die arabische, tartarische und mongolische Wüste, von Afrika die Sahara. Zieht man diese Strecken nicht mit in Berechnung, so ist die Annahme, dass in Asien circa 350, in Afrika circa 200, in Amerika circa 350, in Neuholland überhaupt circa 80 Scydmaeniden-Arten leben, wohl als der Wirklichkeit nahekommend zu erachten.

Jeder routinirte Entomolog wird in den meisten Fällen aus dem Habitus eines Insectes ungefähr dessen Vaterland errathen, besonders wenn ihm öfters die Gelegenheit geboten war, grosse Originalsendungen durchmustern zu können; die Scydmaeniden bieten jedoch — aus welchem Erdtheile sie auch stammen mögen — nur selten auffallende oder geotype Formen dar.

Die eigenthümlichsten Erscheinungen unter den Scydmaeniden sind unstreitig die Vertreter der Gattung Mastigus, Latr.; sie gehören aber sowohl Europa als Afrika und Australien an. Dass in Asien noch keine gefunden wurden, liegt nur daran, dass es überhaupt auf kleine Thiere so gut wie nicht untersucht ward, oder werden konnte. In Amerika fehlt Mastigus; dagegen gewährt es etwas Besonderes in Scydmaenus dentipes, Bonvouloiri, etc., deren Hinterschenkel einen grossen Dorn tragen. Die europäisch-afrikanische Chevrolatia tritt habituell in Chile auf, und der cubanische Scydmaenus pubescens, sowie einige brasilianische, sind habituell von den Vertretern der King'schen Gattung Heterognathus aus Neuholland ebenso wenig abweichend, als bei flüchtiger Betrachtung der europäische Scydmaenus rufus. Die javanische Gattung Clidicus ist neben Mastigus die zweite Form, welche durch bedeutende Grösse, lange Beine und gekniete Fühler, dabei aber mit ächten Scydmaenus-Habitus, eine merkwürdige, sofort in die Augen springende Abweichung kund giebt.[1]

---

[1] Ausser Clidicus grandis, Cst., welchen ich vor mir habe, besitzt Herr Präs. Dr. C. A. Dohrn in Stettin, nach mündlicher Mittheilung, eine zweite Art.

In der Hauptsache mag sowohl die Uniformität, als die Kleinheit und das Verstecktsein ihrer Wohnungen vielfach abgehalten haben, die Scydmaeniden hinreichend zu sammeln und gehörig zu würdigen.

Geschlechtsverschiedenheiten.

Die äusserlich wahrnehmbaren sexuellen Unterschiede sprechen sich besonders beim Männchen durch Eigenthümlichkeit des Kopfes, der Fühler oder Beine, nach Thomson l. c. beim Männchen in gewissen Gruppen durch ein siebentes Abdominal-Segment aus.

Die ♂ von Scydmaenus pubicollis haben verdickte —, die von Scydmaenus scutellaris und pusillus zusammengesetzte dreieckige Vorderschenkel; Scydmaenus Hellwigii ♂ zeichnet sich durch grossen, hinten oberhalb ausgebuchteten Kopf aus; die Fühler des ♂ von Scydm. denticornis und Motschulskyi haben an ihren vorletzten Gliedern zahnartige Erweiterungen; Scydm. tarsatus, rubens, brunneus, affinis, cognatus, vulpinus et Chevrolatii, haben im männlichen Geschlechte besonders stark erweiterte Vordertarsen; — gleichzeitig erweiterte Mitteltarsen treten beim ♂ von Scydm. latitarsis auf; Scydm. quadratus ♂ zeigt verlängerte Hinterschienen, welche am Ende gebogen sind; bei Scydm. humeralis ist das zehnte Fühlerglied im männlichen Geschlechte grösser als im weiblichen; bei Scydm. fimetarius, Chaud., ist der vorletzte Hinterleibring in der Mitte eingedrückt.

Die Untersuchung der sexuellen Unterschiede lässt bei vielen Arten noch zu wünschen übrig. Es muss darauf Bedacht genommen werden, beim Einsammeln die kleinen Käfer fleissiger aufzusuchen, und die an einem Orte gefundenen womöglich nicht mit einander zu vermengen. Leider aber wird allzuhäufig die Erfahrung gemacht, dass die Sammler im Auslande bei der Fülle ebenso brillanter als in der Form eigenthümlicher Erzeugnisse das Unscheinbare oder gar Minutiöse vergessen. Z. B. suchte ich in dem neuesten

Prachtwerke des Grafen Francis de Castelnau: „Animaux nouveaux ou rares, recenillis pendant l'Expédition dans les parties centrales de l'Amérique du Sud, de Rio de Janeiro à Lima, et de Lima au Para", — (ein Geschenk Sr. Maj. des Kaisers Louis Napoléon an Prof. Dr. L. Reichenbach) — vergebens nach einer Beschreibung oder selbst nur Erwähnung irgend eines Scydmaeniden oder Pselaphiden.

Es hat mir zwar, scheinbar, reiches Material vorgelegen, — in diesem Augenblick gewiss das bedeutendste, was in den europäischen Sammlungen existirt, — in welcher Beziehung ich ausser Dem, was mir die im Vorworte dankbar anerkannte Gefälligkeit meiner Correspondenten anvertraute, nur erwähne: — die ansehnliche Ausbeute der Bemühungen des Dr. Gundlach und Prof. Poey auf Cuba; — die reizenden Seydmaenen, gesammelt von H. W. Bates am Amazonenstrom; — die von vielem Fleisse und grosser Liebe zur Entomologie zeugende Collection von M. Philipert Germain, gesammelt während seiner Reise in Chile und den Pampas u. s. w. —, aber von den allerwenigsten Arten, die ich in Nachfolgendem publicire, habe ich beide Geschlechter vor mir gehabt; und das entomologische Publicum muss in Bezug auf Geschlechtsdifferenzen der südamerikanischen Seydmaeniden mit den beschränkten Untersuchungen vorlieb nehmen, die ich machen konnte.

Ich bin übrigens überzeugt, dass in vielen Fällen sich das ♂ vom ♀ nicht merklich unterscheidet; die gebotenen Unterschiede aber werden gewiss spätere Bearbeiter der Seydmaeniden — wie es bereits Thomson gethan hat — benutzen, um Abtheilungen festzustellen: — erst müssen sie aber gekannt sein!

Geschichte und Eintheilung.

Die Seydmaeniden wurden von Fabricius in die Gattungen: Anthicus (— bicolor, F.,) und Ptinus (— [Mastigus] spinicornis, F.,) eingereiht. Thunberg publicirte den ersten Seydmaeniden als Notoxus (Mastigus) deustus, Thbg., Nov. Ins. Spec. p. 101, dissert. acad. III. p. 220, im Jahre 1781.

Illiger & Herbst hielten sie für Pselaphiden. Bei Ersterem bildeten sie die zweite Familie der Gattung Pselaphus, Hbst., gekennzeichnet durch „Coleopteris integris apice rotundato abdomen tegentibus." (Verzeichniss der Käfer Preussens, Halle 1798.) — Illiger hatte also bereits einen der Hauptunterschiede zwischen Pselaphus und Scydmaenus erkannt, und bewies seine Beobachtungen ferner dadurch, dass er der Scydmaenen-Gattung Mastigus den Namen gab, welchen Latreille (1806) nicht nur adoptirte, sondern auch die damit bezeichnete Gattung begründete. Die nicht in selbige gehörigen ihm sonst noch bekannten Scydmaeniden vereinigte Latreille unter dem Gattungsnamen „Scydmaenus" (Palpatores, Fam. VIII).

Siebenzehn Jahre später erschien die Monographie der Ameisenkäfer von Müller und Kunze. Kunze erkannte die beiden natürlichen Abtheilungen, welche die Gattung Scydmaenus, Latr., spaltet, und die ausgesprochen sind: in abgestutztem dritten, oder in zur Spindelform verwachsenem dritten und vierten Maxillartastergliede.

Das vierte dieser Palpenglieder der letzterwähnten Abtheilung übersahen Kunze und Müller ebenso, wie später Schaum in seiner Dissertation: Analecta entomologica, und gaben folgende Classification:

I. Palpis maxillaribus triarticulatis.
    (Antennarum articulis tribus ultimis abrupte majoribus.)
        Sc. Hellwigii, rufus, tarsatus, thoracicus.
II. Palpis maxillaribus quadriarticulatis.
    A. Antennarum articulis tribus ultimis abrupte majoribus.
        Sc. quadratus.
    B. Antennarum articulis quatuor abrupte majoribus.
        Sc. claviger, hirticollis, rutilipennis, angulatus, elongatulus, denticornis, pubicollis.
    C. Antennarum articulis extrorsum sensim crassioribus
        Sc. Godarti, scutellaris, pusillus collaris

Müller und Kunze hatten also ihre sechszehn Thierchen schon ziemlich genau besehen, und wenn Schaum in Anal. entomolog. p. 3 und 4 auch anführt, dass Erichson nachgewiesen hat, die Beobachtungen M.'s und K.'s seien sowohl nicht durchgängig richtig, als die Scydmaenen einer weiteren specielleren Eintheilung fähig, so kann doch Müllern und Kunzen das Verdienst nicht abgesprochen werden, den Grundstein gelegt zu haben, worauf sowohl der grosse Erichson, als nach diesem Schaum ihr Scydmaeniden-System erbauten.

Für den Scydm. thoracicus war von Müller, Abhandl. d. naturf. Gesellschaft zu Leipzig, 1, pag. 188 der Gattungsname Cephennium vorgeschlagen, und daher der später von Stephens (Man. of brit. Coleopt. p. 343) für dieses Thier gegebene Gattungsname Megaladerus synonym; besonders deshalb, weil von ihm die generische Absonderung nur auf die habituellen Eigenthümlichkeiten hin vorgenommen ist, welche Müller und Kunze selbst hervorgehoben haben.

Im Jahre 1832 veröffentlichte de Laporte, Comte de Castelnau, die vierte Scydmaenen-Gattung: Clidicus, von Java. Merkwürdigerweise macht weder der Autor, noch Schaum (Anal. ent. p. 31), noch später Lacordaire (Genera d. Col. II, p. 169) darauf aufmerksam, dass die Fühler von Clidicus gekniet sind. Die Gattungsbeschreibung ist in den Annales l. c., den Etudes von de Laporte l. c., in Schaum's Dissertation l. c., und in Lacordaire l. c. abgedruckt. Ich halte sie nochmals wiederzugeben für überflüssig. Ferner schlug de Laporte für die 1. Abtheilung der Müller und Kunze'schen Scydmaeniden den Namen Eumicrus vor, und charakterisirt diese Gattung folgendermaassen:

„Palpes maxillaires an quatrième article à peine visible; corcelet beaucoup plus étroit que les élytres et retreci en avant; antennes à articles un peu carrés.

Il faut rapporter à ce genre: Scydm. tarsatus, Kze., ruficornis, Denny, rufus Kze., Hellwigii, F."

Für Cephennium thoracicum, welches de Laporte, wie auch Denny, nur dem Namen Scydmaenus nach kannten, wollte Ersterer den Gattungsnamen Microdema eingeführt wissen und beschrieb die Gattungsmerkmale ungenügend.

Fast zur selben Zeit, 1833, machte Stephens l. c. die Gattung Entheia bekannt, basirt auf die abgestutzten Flügeldecken der dahin gehörigen Thiere, und andere Merkmale, welche Schaum, nachdem er diese Gattung in seinen Analect. entom. ganz übergangen hatte, später in Germ. Zeitschrift gründlicher als Stephens feststellte.

Einige Zeit darauf erschien Erichson's: „Die Käfer der Mark Brandenburg", worin dieser ausgezeichnetste Entomolog das wenige Material, was die Mark bot, in so vorzüglicher Weise zu benutzen wusste, dass die zwei Jahre später erscheinende Dissertation Schaum's kaum mehr als eine Umschreibung der Erichson'schen Arbeit — mit Einfügung etzlicher wenigen Untersuchungs-Ergebnisse über in der Mark vorkommende Scydmaeniden — genannt werden kann.

Erichson theilte die bis zum Erscheinen seines Werkes in der Mark aufgefundenen 16 Arten Scydmaeniden in folgende 6 Gruppen:

1. Halsschild herzförmig, vor der Mitte erweitert, hinten verengt. Fühler nach der Spitze zu allmälig verdeckt. Mesosternum mit wenig vorspringendem Kiel.

    Sc. Godarti, scutellaris, collaris, exilis.

2. Halsschild fast quadratisch oder von hinten nach vorn etwas verengt, an den Seiten nicht gerundet. Fühler an der Spitze ziemlich allmälig verdickt. Kiel des Mesosternum wenig vorspringend.

    Sc. angulatus elongatus.

3. Halsschild fast quadratisch, oft dichter behaart. Vier oder drei letzte Fühlerglieder verdickt. Kiel des Mesosternum stark vorspringend.

    Sc. denticornis, rutiliformis, hirticollis, claviger, quadratus.

4. Viertes Glied der Maxillartaster geschwunden, Halsschild viereckig. Mesosternum ohne Kiel. Flügeldecken etwas abgekürzt. Füsse einfach.

    Sc. truncatellus, abbreviatellus.

5. Viertes Glied der Maxillartaster geschwunden. Halsschild fast eiförmig. Mesosternum deutlich.

6. Viertes Glied der Maxillartaster geschwunden. Halsschild kugelig. Mesosternum deutlich gekielt. Füsse einfach
   Sc. Hellwigii, rufus

Schaum's Dissertation, l. c., folgte 1841, bereicherte die Wissenschaft um ein Dutzend neuer Scydmaenen und folgte im Wesentlichen dem Erichson'schen Systeme, wie schon erwähnt. Drei Jahre darauf gab Schaum in Germar's Zeitschrift, l. c., Nachträge zu seiner Monographie der Scydmaeniden, wodurch manche interessanten Beobachtungen bekannt wurden. Sie sind namentlich dadurch werthvoll, dass die Ergebnisse der Untersuchungen von Mundtheilen vieler Arten Scydmaenen darin niedergelegt sind, und ihm gestattet war, die trefflichen Präparate Redtenbacher's dabei benutzen zu können. Die Folge hiervon war genauere Feststellung und theilweise Veränderung der früher mitgetheilten Gruppirung, welche sich nun folgendermaassen gestaltete:

1. Palpi maxillares articulo quarto subulato.
   1. Collum thoraci immersum. Mesosternum parum carinatum. Antennae extrorsum sensim crassiores.
      A. Thorax cordatus. Mandibulae valde curvatae, apice crenulatae. Palporum labialium articulus secundus primo parum longior . . . . Stirps 1.
         Hierher: Scydm. Godarti, scutellaris, Helferi, collaris, pusillus, perforatus, exilis., rotundipennis und fraglich Dalmanni
      B. Thorax subquadratus, lateribus non rotundatus. Mandibulae acumine brevi. Palporum labialium articulus secundus ceteris multo longior . . . . Stirps 2.
         Hierher: Scydm. angulatus, elongatulus, rubicundus, Sparshalli, helvolus und fraglich Wighami.

2. Caput a thorace collo sejunctum. Mesosternum fortiter carinatum. Mandibulae parte apicali acuta intus basi unidentata. Palpi labiales articulo secundo longissimo.

A. Coleoptera basi thoracis latitudine. Thorax subcordatus. Antennae articulis quatuor ultimis distincte majoribus . . . . Stirps 3

Hierher: Scydm. Kunzei, pubicollis, oblongus, styriacus.

B. Coleoptera basi thoracis latiora. Thorax subquadratus, antrorsum saepe angustatus. Antennae articulis ultimis quatuor vel quinque vel tribus distincte majoribus . Stirps 4.

Hierher Arten mit viergliederiger Keule: Scydm. clavipes, Motschulskyi, denticornis, rutilipennes, hirticollis, claviger, testaceus, cinnamomeus, castaneus, validicornis, deflexicollis, gibbosus, und fraglich ruficornis, brevicornis, bicolor; mit fünfgliederiger Keule: intrusus Wetterhalii, nanus.

II. Palpi maxillares articulo quarto brevi conico.

Caput a thorace collo sejunctum. Mandibulae parte apicali acuta, intus basi bidentata. Palpi labiales articulo secundo longissimo. Antennae articulis tribus ultimis abrupte majoribus. Thorax subcovatus vel subglobosus. Mesosternum fortiter carinatum.

A. Tarsi anteriores (marum fortius) dilatati . Stirps 5.

Hierher: Scydm. tarsatus, rubens, brunneus, affinis cognatus et vulpinus.

B. Tarsi simplices . . . . Stirps 6.

Hierher: Scydm. antidotus, Hellwigii, Zimmermanni, rufus.

Für die Gruppe II, C. und D. — (Collum thoraci immersum Thorax maximus, subquadratus, antice elytris latior. Mesosternum fortiter carinatum. Tarsi simplices, und Collum thoraci immersum. Thorax subquadratus, elytrorum latitudine. Elytra abbreviata. Mesosternum non carinatum. Tarsi simplices.) -- seiner Monographie in Anal. entom. adoptirte Schaum die Gattungen Cephennium, Müller, und Eutheia, Steph.

Das „Vorhandensein oder Fehlen des Halses", — wie Schaum in Germar's Entom. Zeitschr. V, p. 461 schreibt, und worauf Lacordaire (Gen. II, p. 186) die Gruppeneintheilung basirt; — halte ich, nachdem ich doppelt so viel Scydmaeniden-Arten als Lacordaire, und dreifach so viel als Schaum gesehen, oder theils untersucht habe, für nicht wesentlich, ja oft problematisch; z. B. auf Scydmaenus breviceps und Gundlachii, m., wird man die Schaum'schen Abtheilungen I, 1 und 2 in Anwendung bringen dürfen, insoweit sie sich auf Collum thoraci immersum und Caput a thorace collo sejunctum beziehen, — je nachdem es die Lage der Thiere durch das Präpariren ergiebt. Der Hals ist hier so beschaffen, dass er vom Träger jedenfalls vorgestreckt und vollständig zurückgezogen werden kann. Da man nun Scydmaeniden vom Auslande so äusserst selten erhält, und wohl einer spätern Generation vorbehalten bleibt, ganze Suiten einer ausländischen Art zu vergleichen, oder selbe an Ort und Stelle zu beobachten: man sich aber jetzt begnügen muss in vielen Fällen nach einzelnen Exemplaren zu urtheilen, so habe ich die Meinung, um möglichen Täuschungen vorzubeugen, bei Gruppirung von Scydmaeniden das Befinden des Halses im oder vor dem Halsschilde, nicht zu berücksichtigen.

Die lieben Scydmaeniden hätten nun etwas Ruhe gehabt, wenn nicht inzwischen Jaquelin Du Val die, durch Einfügung der Fühler an der Stirn, ganz merkwürdige Gattung Chevrolatia publicirt hätte.

Alle bis zum Jahre 1854 bekannten Gattungen wurden von Lacordaire, l. c., — soweit sie sich nicht als Synonyme herausstellen, — nochmals beschrieben, die einzelnen Arten und die Literatur mit bekannter Gründlichkeit citirt. Die Bestimmungstabelle der von ihm angenommenen sieben Gattungen der Scydmaeniden lautet:

I. Dernier article des palpes maxillaires très petit.
  A. Premier article des antennes médiocre.
     Antennes insérées sous la partie antérieur du front:
        Chevrolatia.
     Antennes insérées au bord interne des yeux:
        Scydmaenus, Eutheia, Cephennium.
  B. Premier article des antennes très-long:
        Clidicus, Mastigus.
II. Dernier article des palpes maxillaires plus long que le 3e:
        Brathinus.

Es ist hier die Gattung Brathinus genannt, welche Le Conte in Proceedings of the Academy of Natural Sciences of Philadelphia, Vol. VI, 1854, p. 156 beschreibt; ihre Diagnose lautet:

Palpi maxillares filiformes; articulo ultimo longiore; Labrum antice membraneum, late emarginatum. Mandibulae apice acuminatae. Antennae elongatae, filiformes. Tarsi posteriores articulis gradatim brevioribus, indistinctis. — A remarkable apterous and glabrous genus, which, except in the presence of eyes and in the form of the head and thorax, bears a strong resemblence to Leptoderus etc.

Lacordaire sagt von ihr: „Je ne suis pas sur que ce genre appartienne réellement à la famille actuelle." —

Le Conte führt nun in seinem neuesten Werke zwei Arten Brathinus auf, und zwar unter eigner Familie, der der „Brathinidae", und stellt sie zwischen die Clambiden und Scydmaeniden.

Mir ist die Gattung in Natura leider nicht bekannt; es dünkt mich aber, als hätte man es mit den Vertretern der Gattung Mastigus zu thun, welche in Amerika bekanntlich fehlt, und vielleicht durch Brathinus Ersatz bietet.

Im Uebrigen hält sich Lacordaire ganz an die Kunze-Erichson'sche, von Schaum ausgebeutete Gruppirung.

1855 creirte Pirazzoli die Gattung Leptomastax, ausgezeichnet durch sehr lange, sichelförmige Oberkiefer, Fehlen der Augen und gekniete

Fühler, so dass wir in Leptomastax einen Uebergang von Clidicus zu der von v. Motschulsky, Etudes IV, p. 14 angedenteten und ebendaselbst VI, p. 57 näher beschriebenen Gattung Microstemma begrüssen können. Von Motschulsky sagt über letztere: „Ce nouveau genre, que j'ai séparé des vrais Scydmaenus, se distingue par ses mandibules fortes, bidentées, le premier article des tarses antérieurs dilaté chez le ♂, le quatrième article des palpes maxillaires très court, etc."

Bei genauerer Betrachtung dieser Beschreibung findet man indess, dass „ce nouveau genre" gleichbedeutend ist mit Erichson Gruppe 5 (1839) = Schaum, Anal. entom. II. B. (1841) = Schaum, Nachtrag, Gruppe 5 (1844), Eumicrus, de Laporte (1834).

Die Gattung Eumicrus Microstemma, zeichnet sich durch etwas aus, was ich nirgends hervorgehoben finde: Es ist nämlich das erste, etwas verlängerte Fühlerglied am Ende oben ausgehöhlt, so dass der Fühler, in der Ruhe, nach oben gekniet ist. Ich halte diese Eigenthümlichkeit für wichtig genug, um der Gattung Eumicrus Anerkennung und Dauer zu prophezeihen.

Le Conte, dessen Classification l. c. 1861 erschien, hebt deshalb p. 54 ganz richtig hervor:

„Antennae geniculate; first joint as long as the two following. Microstemma."

Seine fernere Eintheilung der Scydmaeniden Nordamerika's ist:

Antennae straight;
 First joint of labial palpi very short;
  Posterior trochanters long, situated in the axis of the thighs:
   Eumicrus.
  Posterior trochanters small, on the internal face of the thighs:
   Scydmaenus.
 First joint of labial palpi distinct;
  Prothorax quadrate, not wider than the elytra:
   Eutheia.
  Prothorax transverse, wider than the elytra:
   Cephennium.

In dieser Bestimmungstabelle muss jedoch, wie oben erörtert, zuvörderst der Name Microstemma der Benennung Eumicrus weichen. Das, was hier bei Le Conte Eumicrus ist, entspricht der Erichson'schen Gruppe 6 (1839). Schaum, Anal. entom. A. (1841) Schaum, Nachtrag Gruppe 6 (1844) und wird schliesslich - da bis dahin namenlos —, wie aus dem Nachfolgenden ersichtlich: zur Gattung Cholerus, Thoms.

Von Thomson's Scandinaviens Col., l. c., erschien der vierte Band in demselben Jahre als die oberwähnte Le Conte'sche Arbeit. Thomson ist mit einer Gründlichkeit und Specialisirung zu Werke gegangen, wie selten Jemand. In Folge davon geht ihm jedoch zuweilen der Gesammtblick über dem Individuellen oder Absonderlichen verloren. Die sämmtlichen Gruppen Erichson's erhebt Thomson zu Gattungen, und es erscheint mir nothwendig, dieselben hiermit wiederzugeben, um zu überzeugen, dass in dieser seiner Specialisirung, solche wohl auf die Scandinavier, nicht aber auf alle Scydmaeniden Anwendung finden können.

Series quinta. Clavicornes, Latr.

Stirps I. Necrophagi, Latr.

Stirps II. Baeosoma.

Familia Scydmaenidae.

Sectio 1. Antennae basi distantes, ante oculos sub frontis margine laterali, plerumque elevato, insertae, apice haud, vel parum elevatae. Palpi maxillares articulo ultimo aciculari conspicuo. Coxae posticae vix distantes. Episterna metathoracis occulta. Mesosternum subtilius carinatum. Elytra basi saepissime bisulcata.

Divisio 1. Oculi sat magni, granulati. Frons depressiuscula, postice bifoveolata. Prothorax subquadratus, lateribus vix rotundatis, saltem ultra medium marginatis. Caput collo minus constricto.

Genus **Eutheia**, Waterh.
Cryptophagus, Gyll., Scydmaenus, Er.

Prothorax lateribus marginatus, basi utrinque bifoveolatus.
Antennae articulis 3 ultimis paullo crassioribus.
Elytra apice truncata basi plicata, pygidio nudo.

Genus **Neuraphes**, Thoms.
Scydmaenus, Gyll., Er.

Caput collo distincto, juxta oculos majusculos granulatos, utrinque fovea profunde impresso.
Antennae apicem versus sensim incrassatae, articulo 1º et 2º parum longiore.
Prothorax subquadratus, lateribus antice immarginatus, basi utrinque foveis 2 profundis impressis et carinula abbreviata media instructis, angulis posticis rectis.
Elytra basi 2 foveolata, apice haud truncata.

Typus: Scydmaenus angulatus Müller et Kunze; Scydmaenus elongatulus, Müller et Kunze.

Genus **Scydmaenus**, Latr.
Gyll., Er., eodem.

Antennae apicem versus sensim paullo incrassatae.
Elytra basi bifoveolata, apice rotundato, pygidii summo apice nudo.
Prosternum breve, antice profundius sinuatum.
Mesosternum medio et metasternum antice fulvo lanata.

Typus: Sc. Godarti, Latr.; Sc. collaris, M. et K.; Sc. scutellaris, M. et K.; Sc. pusillus, M. et K.

Genus **Stenichus**, Thoms.
Scydmaenus, Er.

Antennae clava 3 articulata, articulo 7º contiguis majore.
Prothorax subcordatus, basi impressione transversa.

Elytra leviter convexa, parce subtiliter punctata, basi foveola impressa, pygidio submudo.

Typus: Scydmaenus exilis, Er.

Sectio II. Antennae basi parum distantes, fronte protuberanti insertae, apice clavatae. Caput longe pone oculos saepissime laeves et parvos, haud prominulos, in collum valde constrictum. Prothorax lateribus immarginatus, impressione profunde basali. Coxae posticae sat distantes. Abdomen segmentis 6 feminae, maris 7 compositum.

Divisio 1. Antennae clava pilosa. Mesosternum alte carinatum, crista horizontali inter coxas anticas prominente. Prosternum brevissimum apice posticeque fere ad coxas usque excisum. Coxae posticae modice distantes. Prothorax antice hirtus angustior, basi impressione transversa utrinque versus angulos dilatata. Episterna metathoracis occulta. Pygidium submudum.

Genus Napochus, Thoms.
Scydmaenus, Er.

Antennae breves, funiculo brevi tenui, clava maxima abrupta, articulata.
Palpi maxillares articulo ultimo aciculari, conspicuo.
Caput temporibus hirtis, oculis verticaliter oblongis, granulatis; fronte inter antennas intrusa.

Typus: Sc. claviger, M. et K.; Sc. den cornis, M. et K.

Genus Euconnus, Thoms.

Caput pone tempora valde constrictum, oculis rotundatis, laevibus, fronte inter antennas vix intrusa.
Antennae prothorace longiores, articulis intermediis haud transversis, 3—4 ultimis paullo crassioribus.

Palpi maxillares articulo ultimo vix conspicuo.
Prothorax hirtus.
  Typus: Scydm. (Pselaphus, Ill.) hirticollis, Ill.; Scydm. fimetarius, Chaud. (Varietät von hirticollis); Scydm. Wetterhalii, Gyll.

Divisio II. Palpi maxillares articulo ultimo haud conspicuo. Antennae clava 3 articulata, haud pilosa, articulis 7--8 parvis. Mesosternum leviter carinatum. Coxae posticae late distantes. Episterna metathoracis libera. Prothorax ovatus vel subglobosus. Elytra apice rotundata pygidio nuda. Prosternum minus breve, apice parum emarginato.

Genus Eumicrus, Laporte.
Scydmaenus, Gyll., Er.; Ensimus, Thoms.

Antennae subrefractae articulo 1º oblongo, 2º sesqui longiore, 5º contiguis majore, 7º et 8º minimis transversis, clava magna articulo ultimo oblongo ovato, penultimo haud transverso duplo longiore.
Prothorax subovatus, basi 4 foveolatus.
Elytra basi fovea latiuscula basali profunde impressa.
Tarsi postici articulo 1º, 2º parum longiore, antici feminae modice, maris fortius dilatati.
Metasternum lateribus utrinque fulvo-lanatum.
  Typus: Scydm. tarsatus, M. et K.

Genus Cholerus, Thoms.
Scydmaenus, Gyll., Er.

Oculi minimi.
Prothorax ovatoglobosus, basi subconstrictus, foveolis vix conspicuis.
Elytra basi haud foveolata.
Tarsi antici in utroque sexu simplices, postici articulo 1º, 2º duplo longiore.
  Typus: Scydm. rufus, M. et K.; Scydm. (Pselaphus, Hbst.) Hellwigii, Herbst.

(Thomson, l. c., Tom. V, p. 77—97.)

Endlich ist der neuesten, und zwar antipodisch-literarischen Erscheinung über Scydmaeniden zu gedenken, welche für dieses Capitel wichtig ist; ich meine: der schon mehrfach angeführten „Transactions of the Entomological Society of New-South-Wales." Vol. 1, 1864.

King giebt darin pag. 91 folgende „Table of the Genera" of the Scydmaenides of New-South-Wales:

A. Posterior legs contiguous.
   a. Labial palpi biarticulate.
      aa. Mandibles with two teeth & membraneous edge Phagonophana.
      bb. Mandibles with one tooth . . Scydmaenilla.
   b. Labial palpi triarticulate . Psepharobius.

B. Posterior legs distant.
   c. The forth joint of maxil. palpi conical . Scydmaenus.
   d. The forth joint of maxil. palpi globular
      dd. Mandibles alike . . Megaladerus.
      ee. Mandibles unlike Heterognathus.

Man ersieht hieraus, dass King auf eignen Füssen steht, seine Gattungen auf Untersuchungen der Mundtheile gestützt und auf die Beschaffenheit der letzteren basirt sind.

Es scheint dies recht wissenschaftlich, ist aber weder natürlich, noch practisch.[1]) Die Eintheilung der Familien in Gattungen nach der Form oder den Zähnen der Mandibeln ist jedenfalls unsicher, da kein Theil am Käfer mehr variirt, als die Mandibeln. Man denke an die Lucaniden! — Das Untersuchen der Lippentaster, an einzelnen Exemplaren, ist, ohne dieselben zu zerlegen, oft geradezu unmöglich. King hatte freilich, ebenso wie Erichson, Schaum und Thomson, genügendes (einheimisches und daher leicht zu beschaffendes) Material, und war dadurch in den Stand gesetzt, dieses künstliche Gebäude hinzustellen. Dass King's Megaladerus in Cephennium, Müller, und King's Heterognathus jedenfalls in Thomson's Cholerus aufgeht, entwerthet King's fleissige Beobachtungen nicht im Geringsten, —

---

[1]) Vergleiche: Schaufuss, Monographie der Sphodrini Separ. p. 4. Dresden 1865.

und das Hauptmoment, die geringere oder weitere Entfernung der Hinterfüsse von einander, bleibt unter allen Umständen wohl geeignet, für die Folge ganz besonders berücksichtigt zu werden.

Es scheint, als ob ein Auftreten von mehr oder weniger Aneinanderliegen der Hinterhüften bei den europäischen Scydmaeniden nicht vorkomme — (die Gattung Chevrolatia habe ich leider nicht untersuchen können), dagegen auf der südlichen Hemisphäre häufiger Platz ergreife, z. B. in Neuholland und Chile.

Durch diese Beobachtung aber wird ein Merkmal, welches sowohl von Lacordaire, l. c. p. 181 („ainsi que l'écartement des hanches postérieures"), als von Redtenbacher, Fauna Austriaca, II, p. I. („Hinterfüsse sehr weit von einanderabstehend") zur Familienabtrennung der Pselaphiden mit benutzt ist, weniger; und durch King's Gattung Scydmaenilla wird die Schaum'sche Ansicht über die Mandibeln der Scydmaeniden („Mandibulae corneae, acutae, apice bidentatae), welche schon Lacordaire nicht wiederholt, — verabschiedet.

Bei Besprechung der Feststellung der Familiencharactere, sagt Lacordaire u. a.: „Elytres recouvrant l'abdomen"; ein Gleiches findet man in Redtenbacher's Bestimmungstabelle der Familien. Es giebt aber sowohl europäische, als eine Menge exotischer Scydmaeniden, welche das letzte Hinterleibs-Segment vollständig frei lassen.

Dem von Latreille, Denny, Erichson, Schaum, Lacordaire, Le Conte und Thomson zur Feststellung der Familie der Scydmaeniden Gesagten habe ich nun nur noch beizufügen: dass Thomson irrt, wenn er glaubt, ein Suturalstreifen sei bei den Scydmaeniden nicht vorhanden. Scydmaenus suturalis, m., und Chevrolatii *, beweisen das Gegentheil. Dass dieselben sich nicht unbedingt den Baeosomen, Thoms., unterzuordnen haben, beweisen wiederum Scydmaenus longicornis, Boh., und regius, m., (cf. Stirps II, Thoms.. 1 c.).

In Vorstehendem habe ich vielleicht mehr referirt und besprochen, als manchem der geehrten Leser erwünscht war; ich hielt es jedoch für um so nöthiger, einigermaassen speciell auf alle aufgestellten Systeme einzugehen, oder sie wiederzugeben, als bei dem verhältnissmässig artenreichen Materiale, welches mir zur Bearbeitung aus Central- und Süd-Amerika vorliegt, die beiweitem meisten Arten einzeln vertreten, oder anvertrautes Gut sind, welches, behufs der Untersuchung der Mundtheile zu präpariren, mir also die Verhältnisse nicht gestatteten. Ich hoffe indess durch alles Vorerwähnte einem späteren Monographen die Arbeit leichter gemacht zu haben.

Das Resultat des vorstehenden kritischen Referates ist jedoch nicht geringfügig. Nicht nur, dass man folgende Uebersicht der Synonymen-Gattungen erhält:

				Gruppe					Stirps	
Gen.	Scydmaenus, Latr.	= Er. 1.	=	Schaum, Anal.	IA.	= Schm. Nachtr.	1.			
Subg.	Stenichnus, Thoms.	= Er. 1.	=	,,	IA.	=	,,	,,	1.	
,,	Neuraphes,	,, = Er. 2.	=	,,	IB.	=	,,	,,	2.	
,,	Napochus,	,, = Er. 3.	=	,,	ID.	=	,,	,,	4.	
,,	Euconnus,	,, = Er. 3.	=	,,	ID.	=	,,	,,	4.	
Gen.	Eumicrus, de Lap.	= Er. 5.	=	,,	IIB.	=	,,	,,	5. = Microstemma, Motsch., Le Cte.	
Subg.	Cholerus, Thoms.	= Er. 6.	=	,,	IIA.	=		,,	6. = Eumicrus, Le Cte., Heterognathus, King.	
Gen.	Eutheia,	Steph. = Er. 4.	=	,,	IID.					
,,	Cephennium, Müll.	= Megaladerus, Steph., King; = Microdema, de Lap..								

es ist auch daraus zu ersehen, dass mit der erweiterten Kenntniss von kleineren Objecten, viele der scharfen, von früheren Beobachtern aus engeren Kreisen gegebenen Berichte über eine Familie oder Gattung verschwinden, oder abgeschwächt werden; indem durch die fortschreitenden Entdeckungen und Erkenntnisse vermittelnde Glieder in Scene treten. So rückt z. B. King's Gruppe 1 die Scydmaeniden wieder näher an die Pselaphiden heran.

Die bekannten Scydmaeniden werden durch vorliegende Schrift von circa 170 Arten auf etwa 240 eröht, und wohl wäre ich im Stande neue Gattungen zu creiren. Würden diese aber stets anerkannt bleiben, wenn nach meiner Annahme, kaum erst ein Viertheil der gesammten in rerum natura existirenden Scydmaeniden kennen gelernt? Ich glaube schwerlich. Neue Formen werden aufgefunden werden, sich zwischen die bekannten stellen, und uns in Verlegenheit setzen, zu welcher der beiden Nachbarn wir das neue Thier zu ziehen haben.

Sieht man von der Gattung Mastigus ab, so lassen sich alle bekannten Scydmaeniden in zwei grosse Abtheilungen bringen, nämlich:

in solche, deren viertes Maxillartastergliedl als deutliche Spitze, oder spitzer, an der Basis mehr oder weniger verbreiteter Kegel, aus dem dritten hervorragt, und

in solche, deren viertes, abgestumpftes Maxillartasterglied, mit dem dritten zu mehr oder weniger ausgezogener Spindelform verwachsen ist, dergestalt, dass die Verbindung bald an, bald über der Mitte [1] (Eumicrus), bald fast an der Spitze (Cephennium) sichtbar ist. und sich auch meist, in Folge leichter Einschnürung, erkennen lässt.

[1] cf. Lacordaire, Genera, Atlas Pl. 16, Fig. 4 b. — Clidicus.

Die süd- und central-amerikanischen Arten der zur ersten Abtheilung gehörigen Gattung Scydmaenus lassen sich bequem in folgende Gruppen einrangiren:

A. Palpi maxillares articulo quarto subulati: Gen. **Scydmaenus**.
  1. Femora postica simplicia.
      a. Antennarum articulis tribus ultimis abrupte majoribus.
          Scydmaenus trigeminus.
      b. Antennarum articulis quatuor ultimis distincte, plerumque abrupte majoribus.
          † Thorax coniformis.
              Scydmaenus cavifrons, biimpressus, gibbulus, ellipticus, hirsutus, plicatulus, corpulentus, nanulus, longipalpis, antennatus, pustulatus, campestris.
          †† Thorax subquadratus, antrorsum angustatus.
              Scydmaenus validicornis, testaceus, piliferus, grandicollis, galericulatus.
          ††† Thorax antrorsum angustatus, postice pulvinatus.
              Scydmaenus elegans, suturalis, hirtipes, humeralis.
          †††† Thorax postice angustatus.
              Scydmaenus subimpressus, terminatus, simplicitus, trifoveatus, breviceps, Gundlachii, castaneus, absconditus, latitarsus.
      c. Antennarum articulis quinque ultimis distincte vel abrupte majoribus.
              Scydmaenus crassicornis, globulicollis, bifoveolatus, patens, festivus, longiceps.

d. Antennarum articulis ultimis sensim crassioribus.
Scydmaenus asserculatus.
e. Antennis filiformibus.
Scydmaenus Chevrolatii.
f. Antennarum articulo septimo maximo.
Scydmaenus nodicornis.

2. Femora postica spinosa.
Scydmaenus dentipes, Batesii, spinipes, Bonvouloirii.

Scydmaenus. Latr.
Er. Schaum.

Mandibulae curvatae, apice acuminatae.
Ligula basi angustata, apice biloba.
Palpi maxillares articulo ultimo subulato.

I. Femora postica simplicia.

a. Antennarum articulis tribus ultimis abrupte majoribus.

*1. Sc. trigeminus: *rufo-castaneus, nitidus; thorace elongato, ochraceo-hirsuto; elytris ellipticis, lateribus, parce pilosis, plica humerali subelevata; pedibus obscure testaceis.*
Long.: $1^{1}/_{2}$ mm., lat.: fere $^{3}/_{4}$ mm.
Tab. 1, Fig. 1 & a. b.
Habitatio: Teapa (Mexico).

Sc. rutilipenni statura et magnitudine simillimus, sed antennis breviusculis facile dignoscendus.

Rufo-castaneus.

Antennae capite thoraceque parum longiores, pilosae, crassiusculae, articulis 1—2 cylindricis, 3—6 subovatis, 7—8 praecedentibus paulo crassioribus, ovalibus, 9—10 rotundatis, tribus ultimis distincte majoribus, ultimo obovato.

Caput subquadratum, postice rotundatum, hirtum, fronte parum convexa; oculis magnis.

Thorax latitudine parum longior, antrorsum rotundatus, convexus, lateribus postice subsinuatis; densissime hirsutus, basi ante scutellum utrinque foveolata.

Elytra late elliptica, subconvexa, basi thorace latiora, utrinque fortiter impressa; laevia, pilis erectis rarissimis; plica humerali subelevata.

Palpi maxillares pedesque dilutiores, pilosi; femoribus parum clavatis.

Zwei Exemplare in meiner Sammlung.

b) **Antennarum articulis quatuor ultimis distincte, plerumque abrupte majoribus.**

† Thorax coniformis.

*2. **Sc. cavifrons**: *castaneus, nitidus, parce pilosus; capite elongata-obcordato, lobo postico truncato profunde canaliculato; thorace conico, antice truncato; elytris ovatis, sparsim piliferis.*

Long.: 2¹⁄₃ mm., lat.: 1 mm.

Habitatio: Brasilia.

Antennae articulis 1—2 elongatis, longitudine aequalibus, 3—7 ovalibus, subaequalibus, quatuor ultimis distincte abrupte majoribus, 8—9 subglobosis, decimo obconico, ultimo elongato, acuminato.

Caput elongatum, obcordatum, parce pilosum; vertice lobatum, elevatum, truncatum, longitudinaliter profunde canaliculatum, post lobum fasciculatum; fronte convexa: oculis parum prominulis.

Thorax conicus, antice truncatus, utrinque vix rotundatus, angulis obtusis; nitidus sparsim pilosus, basi parum bisinuatus.

Elytra ovata, convexa, castanea, nitida, sparsim pilifera; plica humerali deplanata.

Palpi maxillares et tarsi pallidi; femoribus subclavatis.

Anm. 1. Die Vordertarsen des einzigen Exemplares, welches ich kenne und besitze, sind nicht verbreitert; das letzte Maxillartastglied ist kurz kegelförmig und an der Basis nur halb so breit als das vorletzte am oberen Ende; die etwas gekrümmten Vorderschienen sind an der Basis dünn, verbreitern sich allmählich, um unter der Mitte wieder etwas an Breite abzunehmen.

Anm. 2. Ich habe das Thier als ♂ zur folgenden Art (Sc. biimpressus) erhalten, es kann aber nicht dazu gehören; denn nicht nur, dass es grösser ist, es fehlen ihm auch die tiefen Eindrücke auf dem Halsschilde ganz und gar, die Fühler sind dicker und anders gestaltet.

*3. Sc. biimpressus: *castaneus nitidus, subtus pubescens: capite subtriangulari; thorace conico, antice truncato, basi utrinque foveato; elytris ovatis, glabris.*

Long.: 1⁷/₈ mm., lat.: 1/₂ mm.
Habitatio: Brasilia.

Statura Sc. cavifrontis.
Antennae crassiusculae, capite thoraceque longiores; articulis 1—2 subaequalibus, latitudine longioribus, 3—6 fere quadratis, septimo ovato, quatuor ultimis abrupte majoribus, 8–10 subglobosis, ultimo maximo, conico.

Palpi maxillares testacei.

Caput subtriangulare, postice truncatum, angulis rotundatis; glabrum, inter oculos longitudinaliter bifoveolatum; oculis parum prominulis.

Thorax conicus, antice truncatus, utrinque vix rotundatus basi truncatus, angulis posticis fere rectis; glaber, ante basin utrinque foveatus.

Elytra ovata, castanea; glabra, basi impressa: plica humerali vix elevata.

Pedes ferruginei, femoribus subclavatis.

Anm. 1. Das letzte Maxillartastergliedist kurz, an der Spitze stumpf. Nur die Unterseite des Thieres, die Fühler und Beine sind schwach behaart.

4. Sc. gibbulus: *rufo-castaneus, parum nitidus, subpubescens; capite subrotundato, vertice impresso; thorace conico, utrinque vix rotundato; elytris ovatis, fere seriatim punctatis, sparsim pubescentibus.*

Long.: 1³/₄ mm., lat.: ⁹/₁₀ mm.
Habitatio ad flumen Amazonum: leg. Dom. Bates.

Sc. biimpresso statura simillimus sed corpore latiore et majore, elytris punctatis, antennis gracilibus dignoscendus.

Antennae capite thoraceque longiores, pubescentes, articulis 1—2 subquadratis, crassis, 3—6 ovalibus, subaequalibus, septimo sextoque longiore, quatuor ultimis abrupte majoribus, 8—10 globosis, ultimo obovato.

Caput subrotundatum, parum convexum, parum nitidum, hirsutum, vertice longitudinaliter et sat late impressum; oculis prominulis.

Thorax breviter conicus, antice truncatus, basi leviter lateribusque vix rotundatis; convexus, nitidus, subpubescens.

Elytra late ovata, basi impressa et punctata, plica humerali gibbosa; rufo castanea, fere seriatim punctata, sparsim longius pubescens.

Totus rufo-castaneus, extremitatibus dilutioribus, femoribus subclavatis.

Anm. 1. Das dritte Maxillartastglied ist fast so lang als das zweite, nach vorn verdickt, vorn abgestutzt, das vierte ist schmal kegelförmig, spitz.

Anm. 2. Das Original besitzt Herr Vicomte von Bonvouloir in Paris.

5. Sc. ellipticus: *rufo-piceus, antennis, palpis pedibusque rufo-testaceis, nitidus, pubescens; capite subrotundato; thorace breviter conico, utrinque vix rotundato; elytris ellipticis, sparsim pubescentibus.*

Long.: 1¹/₃ mm., lat.: ³/₅ mm.

Tab. 1, Fig. 2 & a. b.

Habitatio: Nova-Granata.

Sc. gibbuloso statura simillimus, sed multo minor et minus convexus, colore obscuriore, elytris impunctatis facile distinguendus.

Antennae rufo-testaceae, capite thoraceque parum longiores, flavo-pilosae, articulis 3—6 subaequalibus, subglobosis, quatuor ultimis distincte abrupte majoribus, 7—10 transversis, ultimo maximo, obovato.

Palpi rufo-testacei.

Caput subrotundatum, fere transversum, antice truncatum; rufo-piceum, nitidum, pubescens, postice utrinque dense pilosum; oculis vix prominulis.

Thorax breviter conicus, antice truncatus, basi leviter lateribusque, vix rotundatis, utrinque convexus; nitidus, parum pubescens.

Elytra elliptica, basi subimpressa, plica humerali elevata; rufo-picea, nitida, sparsim pubescens.

Corpus subtus rufo-piceum, pubescens.

Pedes rufo-testacei, femoribus clavatis.

Anm. 1. Die Maxillartaster sind hellgelblich, fast durchscheinend, das dritte Glied derselben ist circa drei mal so lang als breit, von der Mitte nach vorn ziemlich gleichbreit, nach den Vorderecken etwas eingezogen, dieselben abgerundet; vorn in der Mitte ist das Tasterglied gerade abgestutzt; das vierte Glied ist klein, kurz kegelförmig.

Anm. 2. Die Originale befinden sich in der Sammlung des Herrn v. d. Bruck in Crefeld.

*6. Sc. hirsutus: *obovatus, castaneus, capite, thorace suturaque obscurioribus, nitidus. hirsutus: capite latitudine longiore: thorace conico, antice truncato; elytris late ovalis. subrugulosis, hirsutulis.*
   Long.: fere 1^2 ; mm., lat.: ^{3} ; mm.
      Scydmaenus hirsutus, Chevrolat, i. l.

Var.: Bacchus: *breviter obovatus, capite longitudine latiore, thorace ante basin utrinque leviter transversim impresso.*
   Long.: $1^1{}_2$ mm., lat.: $^3{}_4$ mm.

Habitatio: Teapa (Mexico).

Antennae rufo-castaneae, capite thoraceque vix longiores, pallidepilosae: articulis duobus prioribus crassiusculis, latitudine longioribus, 3—6 subaequalibus, septimo subquadrato, quatuor ultimis distincte majoribus, 8—10 subtransversis, ultimo ovali.

Caput latitudine longius, postice subtruncatum, angulis rotundatis; piceo-castaneum, dense pilosum, nitidum, inter antennas impressum.

Thorax conicus, antice truncatus. lateribus, angulis basique rotundatis: castaneus, nitidus, hirsutus.

Elytra late ovata, sat convexa, rufo-castanea, sutura obscuriore: subtilissime sparsim coriaceo-punctulata et ochraceo-hirsuta; basi impressa: plica humerali minuta sed distincte conspicua.

Corpus subtus dilute castaneum.

Pedes rufo-testacei: femoribus subclavatis.

Anm. 1. Sc. Bacchus betrachte ich als Varietät des Sc. hirsutus. Der Habitus, die Punktur der Flügeldecken, die Behaarung überhaupt und die Fühlerbildung sind ganz die des Letzteren; aber der Quereindruck jederseits über der Basis des Halsschildes und der kürzere Kopf lassen der Vermuthung

Raum, dass sich dieses Thier, wenn erst mehrere Stücke bekannt sind, als eigene Art gerirt, wesshalb ich einen Namen beigegeben habe.

Anm. 2. Ich besitze den Sc. hirsutus und v. Bacchus je in einem Exemplare, im Museum des Herrn Chevrolat in Paris befindet sich von der typischen Art ein zweites. Dieses letztere ist ein wenig röthlicher als das meinige, daher die angedeutete Nathfarbe mehr hervortretend; das siebente Fühlerglied ist ein wenig länger als bei meinem Käfer. Es ist wahrscheinlich ein Männchen und stammt, wie Sc. hirsutus und var., von Teapa.

Anm. 3. Ein nachträglich eingegangener Sc. hirsutus von Venezuela (angeblich!) hat bereits Andeutungen schwacher Eindrücke an der Basis des Halsschildes, nähert sich also der Varietät, ist jedoch nicht grösser als der typische Sc. hirsutus.

*7. **Sc. plicatulus:** *rufo-testaceus, capite thoraceque obscuriore, nitidus, pubescens; thorace conico, antice truncato, basi linea utrinque foveola impressis; elytris breviter ovatis, basi plicatulis.*

Long.: $1^3/_5$ mm., lat.: fere $^3/_4$ mm.

Habitatio in Nova-Granata et Teapa (Mexico).

Eum. longipalpi statura et magnitudine simillimus.

Antennae graciles, pilosae; articulis duobus prioribus elongatis, aequilongis, 3—7 longitudine angustiore, subaequalibus, quatuor ultimis abrupte majoribus, 8—10 globosis, ultimo obovato acuminato.

Caput ovale, postice rotundatum, nitidum, rufo-castaneum, hispidum; oculis prominulis, profunde granulatis.

Thorax conicus, antice rotundatus, utrinque vix rotundatus, angulis posticis acutiusculis; obscure rufo-testaceus, nitidus, pilosus, ante basin utrinque subfoveatus, foveis linea transversa obsoleta conjunctis.

Elytra breviter ovata, convexa, rufo-testacea, pubescentia; basi tri-impressa, plica humerali profunda.

Corpus subtus rufo-testaceum.

Pedes rufo-testacei; femoribus subclavatis.

Anm. 1. Die Bildung der letzten beiden Glieder der Maxillartaster weicht bei dieser Art wesentlich von den nebenstehenden Arten ab und nähert sich in der Form denen der Gattung Eumicrus. Das letzte Glied ist wenig schmäler als das Ende des vorhergehenden, gleichbreit und am Ende plötzlich zugespitzt.

Anm. 2. Die einzigen, mir bekannten Individuen befinden sich in meiner Sammlung und stammt eines aus Neu-Granada, das andere von Teapa in Mexico, welches im Ganzen etwas dunkler gefärbt ist, als wie beschrieben. Das Exemplar, welches mir zur Beschreibung diente, war frisch und hatte nur einige Monate in Spiritus gelegen.

8. Sc. corpulentus: *rufo-testaceus, capite thoraceque piceis, leviter pubescentibus, capite subtransverso; thorace elongato, antrorsum angustato basi profunde bifoveato; elytris breviter obovatis, postice convexis, basi plicatis.*

Long.: 1¹ͅ mm., lat.: ⅘ mm.

Habitatio ad flumen Amazonum, leg. Dom. Bates.

Sc. plicatulo statura non dissimilis, sed multo minor, elytris brevibus et valde convexis, thorace latioribus rotundatis foveisque majoribus impressis valde recedente.

Antennae capite thoraceque longitudine aequales, robustae, testaceae, breviter dense pilosae; articulis 1 et 2, 3 et 4, 5 et 6 aequalibus, plus minusve ovalibus, septimo-globoso, quatuor ultimis abrupte majoribus, 8—10 subtransversis; ultimo parum acuminato.

Caput subtransversum, vertice rotundatum; rufo-piceum, convexum, glabrum oculis prominulis fortiter granulatis.

Thorax latitudine longior, lateribus subrotundatis, antrorsum angustatis, basi anticeque truncatus; piceus subnitidus, pilosus, ante scutellum leviter transversim impressus utrinque fovea magna munitus.

Elytra breviter obovata, ante medium dilatata fortiter convexa; basi truncata impressa, plicata; rufo testacea, glabra; plica humerali sublevata.

Corpus subtus testaceum, abdomen dense pubescens.

Pedes pallide-testacei, femoribus clavatis.

Anm. 1. Ich sehe unter dem Microscope das dritte Maxillartasterglied schief abgestutzt, das vierte kurz, conisch, spitz, die Basis desselben über ein Drittheil des Endes vom dritten Gliede einnehmend. Die Mittelbrust ist deutlich gekielt, die Hinterbeine sind fast in doppelter Koxenbreite von einander entfernt.

Anm. 2. Das Original befindet sich in der Sammlung des Herrn Vicomte von Bonvouloir in Paris.

*9. Sc. nanulus: *oboratus, convexus, rufo-testaceus, capite thoraceque dilute castaneis, submitidus, pilosus; thorace conico, antice deflexo; elytris breviter oculibus, punctato-piliferis; antennarum articulis quatuor ultimis crassis.*

Long.: 1 mm., *lat.:* ⅝ mm.

Habitatio ad flumen Amazonum; leg. Dom. Bates.

Sc. corpulento simillimus, sed minor, antennis crassioribus, thorace antrorsum angustiore facile dignoscendus.

Antennae capite thoraceque longitudine aequales, rufo-testaceae, pilosulae, articulis 3—7 tenuibus, subaequalibus, subglobosis, quatuor ultimis abrupte crassioribus, octo fere globoso, 9—10 transversis, ultimo subovali.

Caput antice truncatum postice rotundatum; dense pilosum, submitidum, dilute castaneum; oculis parum-prominulis.

Thorax conicus, utrinque convexus, antrorsum deflexus; submitidus, pilosus, dilute castaneus; basi utrinque ad medium vix visibile foveolata.

Elytra breviter ovalia, basi truncata; subimpressa, plica humerali subelevata; convexa nitida, subtiliter punctato-pilifera.

Corpus subtus rufo-testaceum, sternum nitidum, abdomen sericeum.

Pedes pallidi, femoribus apicem versus valde clavatis.

Anm. 1. Die Maxillartaster sind leider durch die Präparation der Thiere an den mir vorliegenden zwei Exemplaren schwer sichtbar; das letzte Glied der erwähnten Palpen erscheint mir kurz kegelförmig und spitz zu sein. Die Hinterhüften stehen nicht weit von einander entfernt, die Mittelbrust ist schwach gekielt, der Hinterleib ist kürzer als die ihn überwölbenden Flügeldecken.

Anm. 2. Ein ausgefärbtes Stück befindet sich in der Sammlung des Herrn Vicomte von Bonvouloir in Paris; das zweite mir überlassene unausgefärbte ist ganz hellgelb, mit nur schmal dunkler Naht und Halsschildbasis.

10. Sc. **longipalpis**: *rufo-castaneus, parum nitidus, dense breviter pubescens; thorace conico postice linea transversa impressa utrinque unipunctato; elytris ovatis, convexis, subtiliter punctulatis.*

Long.: $1^2/_3$ mm., lat.: fere $^3/_4$ mm.

Habitatio Venezuela.

Antennae robustae, articulis 1—2 subquadratis, 3—7 minutis, filiformibus, transversis, 8—11 elongatis majoribus.

Caput postice rotundatum, pubescens; oculis magnis, parum prominulis.

Thorax conicus, antice posticeque truncatus, lateribus vix rotundatis; ante basin utrinque unipunctatis et linea impressa; castaneus, nitidus, pubescens.

Elytra basi thorace latiora, ovata, convexa, basi impressa, bipunctata, plica humerali obsoleta; castanea, nitida, dense breviter pubescens, subtilissime ruguloso-punctulata.

Corpus subtus castaneum.

Pedes obscure-sanguinei, femoribus clavatis.

Anm. 1. Die ersten sieben Fühlerglieder erreichen zusammengenommen die Länge der drei letzten, die vier Endglieder sind doppelt so breit als die Basalglieder. Die letzten beiden Maxillartasterglieder bilden eine spindelartige längliche Keule, so, dass man das letzte Glied im letzten Fünftheile der Gesammtlänge deutlich abgesetzt sieht; das letzte Glied ist an der Basis kaum merklich schmäler als das vorletzte am Ende. Man ist versucht, desshalb das Thier in die zweite Abtheilung der Scydmaeniden zu stellen.

Anm. 2. Ich vermuthe Sc. validicornis Schaum ist mit Sc. longipalpis identisch. Dagegen spricht jedoch Schaum's Bezeichnung: „Coleoptera laevia" und, wenn man will, die angegebene Pechfarbe.

Anm. 3. Ich habe nur ein älteres Exemplar unter den Händen gehabt, welches der Riehl'schen Sammlung angehört.

11. **Sc. antennatus**: *rufo-testaceus, antennarum articulis ultimis, capite, thoraceque nigro-piceis, pedibus flavis, subnitidus, pilosus, thorace elongato antrorsum angustato, hirsuto; elytris ovatis, rufo-brunneis, pilosulis, basi ad scutellum utrinque leviter compressis.*

Long.: 1½ mm., *lat.*: ⅔ mm.

Habitat ad flumen Amazonum; leg. Dom. Bates.

Antennae albo-pilosae, capite thoraceque longitudine aequales; articulis 1—6 testaceis, 7—11 nigro-piceis, primo crasso, elongato, secundo elongato ad basin angustato, 3—7 breviter ovalibus, subaequalibus, quatuor ultimis abrupte majoribus, 8 –10 globuliformibus, ultimo maximo, obovato, acuminato.

Caput subtransversum, postice rotundatum; vix conversum, nigro-piceum, flavo-pilosum; oculis parum prominulis.

Thorax elongatus antrorsum angustatus, basi anticeque truncatus; subconvexus, nigro-piceus, leviter hirsutus.

Elytra ovata, ad scutellum utrinque foveola minuta, basi impressa, plica humerali curta distincta; nitida, pilosula.

Corpus subtus rufo-testaceum, dense pilosum.

Pedes testacei, tarsi pallidi, femoribus clavatis.

Anm. 1. Das vorletzte Maxillartastergliod ist fast viermal so lang als vorn breit, nach der Basis zu sehr verengt; das vierte Glied ragt wenig hervor, ist ziemlich spitz und hat schmale Basis. Die Mittelbrust ist mässig gekielt, die Hinterhüften sind weiter von einander entfernt als die Vorderhüften.

Anm. 2. Die Type befindet sich in der Sammlung des Herrn Vicomte von Bonvouloir in Paris.

12. **Sc. pustulatus**: *rufo-castaneus, subnitidus, pubescens; capite subrotundato; thorace breviter conico, antice truncato; elytris ovatis, ruguloso-punctulatis.*

Long.: 1¼ mm., *lat.*: ½ mm.

Habitat in Brasilia (Rio Janeiro).

Antennae rufo-castaneae, pilosae, crassiusculae; capite thoraceque vix longiores; articulis 1— 2 subquadratis, 3 — 7 subaequalibus, quatuor ultimis majoribus, 8—10 transversis, ultimo breviter conico.
Caput subrotundatum, dense pilosum, subnitidum, convexum, oculis parum prominulis.
Thorax latitudine longior, antrorsum rotundato-angustatus, antice truncatus; nitidus, pilosus; ante basin linea transversa impressus utrinque unifoveolatus.
Elytra ovata, subtiliter ruguloso-punctata, subnitida, pilosa; ad basin suturaque leviter impressis; plica humerali distincte elevata.
Corpus subtus pubescens, rufo-castaneum.
Pedes testacei, femoribus parum clavatis.

Anm. 1. Das Original befindet sich in Herrn Reiche's Sammlung.

*13. Sc. campestris: *obovatus, deplanatus, piceus, antennis palpis pedibusque testaceis, subnitidus, subtus pubescens supra pilosus; capite triangulari, inter antennas impresso; thorace breviter conico, antice truncato; elytris elongato-ovatis, subtiliter punctulatis.*

Long.: $1^1{}_2$—$1^3/_5$ mm., lt.: $^2/_5$—$^5/_8$ mm.
Tab. 1, Fig. 3 & a. b.
Habitat in planis chilenibus („das Pampas"); leg. Dom. Germain.
Var. 1: elytris rufo-testaceis.
    2: totus testaceus (immaturus?).

Antennae obscure rufo-testaceae, pilosae, crassiusculae, capite thoraceque vix longiores; articulo primo elongato, secundo latitudine longiore ad basin angustato, 3—7 sensim crassioribus, subquadratis, quatuor ultimis abrupte majoribus, 8—10 subglobosis, longitudine latioribus, ultimo maximo, acuminato.

Caput triangulare, postice truncatum, angulis rotundatis, inter antennas leviter impressum; dense pilosum, nitidum.

Thorax latitudine longior, antice truncatus, basi late rotundatus, angulis posticis obtusis; subconvexus, dense adpresse-pilosus, subnitidus.

Elytra elongato-ovata, disco planata; subtiliter punctulata, regulariter adpresse-pilosa; plica humerali parum elevata.

Corpus subtus parum nitidum deuse pubescens.

Pedes testacei, femoribus parum clavatis.

Anm. 1. Die von Herrn Germain in dem Pampas gesammelten Exemplare dieser, durch ihre flachen Flügeldecken etc. ausgezeichneten Scydmaenenart, welche sich in Herrn Vicomte von Bonvouloir's und meiner Sammlung befinden, zeigen alle Uebergänge von blassgelb bis zu pechbraun, so dass ich nur verschiedene Stufen der Entwickelung darin zu erblicken, mich für berechtigt halte. Ferner wechselt die Grösse etwas. Der Entdecker hatte sie mit fünf verschiedenen Nummern versehen: im Falle diese Arten andeuten sollen, bin ich nicht im Stande, sie zu unterscheiden.

Anm. 2. Das dritte Maxillartasterglied ist gestreckt, von vor der Mitte an fast gleichbreit, vorn an den Ecken abgerundet; das vierte ist kurz und spitz. Die Mittelbrust ist leicht gekielt, die Hinterfüsse stehen von einander entfernt

†† Thorax subquadratus, antrorsum angustatus.

14. „Sc. validicornis: *piceus, nitidus, dense pubescens, thorace subquadrato, antice angustiore, basi utrinque foveolato, hirto, coleopteris ovatis, laevibus, antennis crassioribus, articulis quatuor ultimis distincte majoribus.*

Long.: 1 lin.

Habitat in Columbia. D. Moritz. mus. reg. Berol.

Antennae capite thoraceque parum longiores, pilosae, crassiusculae, articulis 3—7 subaequalibus, quatuor ultimis distincte majoribus, octavo usque ad decimum transversis, ultimo ovato.

Caput piceum, hirtum, postice rotundatum, fronte parum convexa.

Thorax latitudine parum longiore, antrorsum angustatus; piceus, hirtus, ante basin utrinque foveolatus et obsolete transversim impressus.

Coleoptera ovata, basi thorace latiora, picea, laevia, pube breviore densa adpressa, tecta, convexa, basi utrinque impressa, plica humerali subelevata.

Corpus subtus totum piceum, pedibus concoloribus, femoribus clavatis."
 (Schaum, Analecta entomologica p. 22.)
Anm. 1. Es ist mir diese Art nur nach der Beschreibung bekannt.

15. „Sc. testaceus: *testaceus, nitidus, thorace subquadrato, antice angustiore, coleopteris subglobosis, laevibus, parce pilosis, antennis elongatis, articulis quatuor ultimis abrupte majoribus.*
Long.: 1/2 *lin.*
Habitat in insulis Puertorico et St. Thomas. D. Moritz. Mus. reg. Berol.

Sc. hirticolli minor, colore testaceo, coleopteris subglobosis etc. facile distinguendus.

Antennae dimidio corpore longitudine subaequales, tenues, testaceae, articulis ultimis quatuor abrupte majoribus, 8—10 subglobosis, ultimo ovato.

Caput parvum, postice fortiter constrictum, testaceum, nitidum, parce pilosum.

Thorax subquadratus ,antrorsum angustior, postice utrinque subimpressus, testaceus, nitidus, versus latera hirtus (an dorso detricatus?).

Coleoptera subglobosa, media thoracis latitudine plus duplo latiora, modice convexa, testacea, nitida, laevia, parce pilosa, basi secus humeros utrinque obsolete impressa, plica humerali subelevata.

Corpus subtus testaceum, pedibus concoloribus, femoribus versus apicem subclavatis."
 (Schaum, Analecta entomologica p. 20.
 „ Germar's Zeitschrift für Entomologie V, p. 169.)

Anm. 1. Auch diese Art kenne ich nur der Beschreibung nach.

16. **Sc. piliferus:** *rufo-piceus, palpis tarsisque, subnitidus, ochraceopilosus; thorace latitudine longiore postice utrinque rotundato, antrorsum angustato, angulis posticis plicatis, basi utrinque foveolata; elytris ovalibus, punctato-piliferis.*
Long.: 2 mm., lat.: 3/4 mm.
Habitat in Venezuela.

Antennae capite thoraceque longiores, crassiusculae, rufo-piceae, albopilosae, articulis 1 — 2 subelongatis, 3 — 7 fere moniliformibus, subaequalibus, quatuor ultimis distincte majoribus, 8 — 10 subquadratis, ultimo latitudine longior.

Caput rufo-piceum, dense pilosum, postice truncatum, angulis obtusis; oculis prominulis.

Thorax fere obcordatus; subnitidus, pilosus, rufo-castaneus; ante basin utrinque fovea transversa, angulis posticis plicatis.

Elytra ovali; nitida, rufo-castanea, disperse punctato-pilifera, basi profunde, sutura ad scutellum leviter impressa; plica humerali valde elevata.

Corpus subtus piceum.

Femora subclavata.

Anm. 1. Die Unterseite ist dicht, kurz behaart, pechbraun. Die hintersten Coxen sind von einander entfernt, breit, etwa den dritten Theil der Länge des Schenkels einnehmend und liegen an der Basis auf diesem auf. Die Palpen sind ähnlich gebildet wie bei Sc. longipalpis; nur sind die beiden letzten Maxillartaster kürzer.

Anm. 2. Die Type befindet sich in Herrn Riehl's Sammlung in Cassel

17. Sc. grandicollis: *elongato-oboratus, castaneus, nitidus, pilosus, ore, antennarum articulis ultimis pedibusque testaceis; capite subtransverso; thorace basi bifurculato; elytris ellipticis, subconvexis, basi late impressa.*

Long.: $1^1/_2$ mm., lat.: $^2/_3$ mm.

Habitat in America australi (ad flumen Amazonum); leg. Dom. Bates.

Antennae crassiusculae, dilute-castaneae, articulis tribus ultimis dilute testaceis, primo elongato, secundo obconico, 3 — 7 subaequalibus, subquadratis, quatuor ultimis majoribus, 8—10 transversis ultimo conico.

Caput triangulare, postice rotundatum; castaneum, nitidum, punctulatum, utrinque ochraceae hispidum; oculis parum prominulis.

Thorax subquadratus, convexus, antice medium angustatus; rufo-castaneus, hirtus, ante basin utrinque foveolatus et absolete transversim impressus.

Elytra elliptica, subconvexa; rufo-castanea, nitida, subtilissime scabrosa, sparsim pilosa, basi late impressa; plica humerali elevata.

Corpus subtus castaneum, pedibus testaceis, femoribusque parum clavatis.

Anm. 1. Das Original befindet sich in der Sammlung des Herrn Vicomte von Bonvouloir.

Anm. 2. Diese Art ist etwas kürzer und verhältnissmässig breiter als Sc. galericulatus, und hat viel breiteres Halsschild mit zwei scharf ausgeprägten Grübchen. Die letzten Fühlerglieder sind entschieden quer. Das vorletzte Maxillartastorglied ist gross und nach vorn wenig verschmälert, vorn gerade abgestuzt, das letzte sehr schmal. Die Beschreibung des Sc. validicornis, Schaum, würde auf dieses Thier zu beziehen sein, wenn nicht Vaterland und Grösse verschieden wären.

18. **Sc. galericulatus**: *elongatus, laete rufus, capite thoraceque castaneis, nitidus, pilosus; thorace antrorsum subangustato, basi vix impressa; elytris ellipticis, convexis, subscabroso-piliferis.*

Long.: $1^3{}_5$ mm, lat.: $^2{}_3$ mm.

Habitat in Trapa (Mexico).

Antennae capite thoraceque longiores, crassiusculae, albopilosae, articulis 1—2 subelongatis, 3—7 fere moniliformibus, subaequalibus, quatuor ultimis distincte majoribus, 8—10 transverse-rotundatis, ultimo obovato.

Palpi maxillares pallidi.

Caput castaneum, postice dense ochraceo-hispidum rotundatumque, antice truncatum, bituberculatum.

Thorax latitudine longiore, antrorsum subangustatus, dilute castaneus; nitidus, ochraceo-pilosus; basi vix impressa.

Elytra elliptica, convexa; laete rufa, subscabrosa; sparsim punctato-pilifera; basi impressa, profunde bifoveolata, obscuriora.

Corpus subtus laete rufum.

Pedes testacei, tarsi pallidi, femoribus subclavatis.

Anm. 1. Das letzte Maxillartastergtlied ist, soweit sichtbar, doppelt so lang als breit und nimmt die Basis nur den dritten Theil der **abgestutzten** Spitze des vorhergehenden Gliedes ein.

††† Thorax antrorsum angustatus, postice pulvinatus.

* 19. Sc. elegans: *elongatus, ferrugineus, tarsis pallidis, nitidus, pilosus; capite elongato-triangulari; thorace subconico, subgloboso, antice truncato, postice utrinque punctato, ante basin ad scutellum linea impressa: elytris ovalibus, disco subtilissime foveolatis.*

Long.: 1½ mm., lat.: ⅚ mm.

Habitatio: *Brasilia.*

Antennae capite thoraceque longiores, flavo-ferrugineae, albido-pilosae, articulis 1—2 elongatis, crassiusculis, secundo ad basin angustato, 3—6 tenuibus, latitudine longioribus, septimo praecedentibus majore, subglobosa, quatuor ultimis distincte abrupte majoribus, crassis, 8—9 transversis, decimo subgloboso, ultimo maximo, parum acuminato.

Caput elongatum, triangulare, vertice truncatum utrinque rotundatum, convexum, flavum, nitidum, pilosum; oculis prominulis, fortiter granulatis.

Thorax latitudine longior, postice convexo-rotundatus, antrorsum angustatus, basi constrictus, ante scutellum utrinque puncto impressus linea transversa conjunctus, ferrugineus, ochraceo-pilosus.

Elytra ovali, basi thorace multo latiora, plica humerali distincta; ferruginea, nitida, ochraceo-pilosa, disco subseriatim distincte sed subtilissime foveolato.

Corpus subtus ferrugineum, ochraceo-pilosum.

Pedes ferruginei, femoribus subclavatis, tibiis postice ante medium parum dilatatis, vix biincurvis; tarsi palpique pallidi.

Anm. 1. Das dritte Palpenglied ist verkehrt kegelförmig, zwei und ein halb mal so lang als breit, das vierte ahlförmige Glied ist lang und nimmt an der sichtbaren Basis ein Drittheil der Breite des Endes vom vorhergehenden Gliede ein.

Anm. 2. Es ist diese Art leicht an der, nur auf der Mitte, längs der Naht der Flügeldecken deutlich ausgeprägten Punktur zu erkennen, welche sich nach den Seiten hin verwischt, woselbst die Flügeldecken blank und glatt sind; der länglich dreieckige Kopf fällt auch sofort auf.

Anm. 3. Mein Exemplar stammt von Neu-Friburg in Brasilien.

*20. **Sc. suturalis:** *piceus, nitidus, parum pubescens; thorace subquadrato, antice angustato, postice utrinque leviter constricto, basi trifoveolato, sparsim hirto; elytris late ellipticis, lacribus, ad suturam postice linea impressis.*

Long.: $1^2/_3$ mm., *lat.*: $^3/_4$ mm.

Habitatio: Venezuela.

Subtus, capite, ore antennis pedibusque piceis, tarsis ferrugineis.

Antennae capite thoraceque longiores, crassiusculae, articulis 1 – 2 subelongatis, 3 – 7 subaequalibus, quatuor ultimis distincte majoribus, 8 – 10 transversis, ultimo obovato.

Caput hirtum.

Thorax latitudine longior, antrorsum angustatus, ad medium convexus; utrinque rotundatus, postmedium lateribus subconstrictis; nitidus, sparsim hirtus, ante basin trifoveolatus.

Elytra late elliptica; nitidissima, apice ad suturam linea impressa, plica humerali subelevata.

Anm. 1. Es steht dies Thier dem Sc. validicornis, Schaum, jedenfalls nahe, ist von ihm jedoch nach der Beschreibung sofort durch die Form und die Eindrücke des Halsschildes verschieden.

*21. **Sc. hirtipes:** *rufo-castaneus, pilosus, nitidus; capite latitudine longiore hirto; thorace longitudine angustiore, antrorsum globoso, ante basin linea impressa utrinque unipunctato; elytris ovatis calde concexis.*

Long.: $2^1/_2$ mm., *lat.*: $1^1/_4$ mm.

Habitatio: Nova-Granata.

Sc. humerali simillimus sed major, latior et capite hirto facile dignoscendus. Rufo-castaneus, capite thoraceque obscurioribus.

Antennae capite thoraceque longiores, pilosae, geniculatae, articulis 1, 2, 7 longitudine latitudineque fere aequalibus, 3—6 latitudine aequalibus, 4—6 ovalibus, longitudine aequalibus, septimo basi angustato, quatuor ultimis abrupte majoribus, longitudine angustiore, ultimo acuminato.

Caput subelongatum, vertice angustatum, postice rotundatum; subnitidum, hirtum, subconvexum; oculis prominulis.

Thorax subelongatus, subquadratus, antrorsum rotundatus, angulis posticis obtusis; nitidus, pilosus ante basin utrinque foveolatus, transversim impressus.

Elytra ovata, fortiter convexa, ad medium thorace fere duplo latiore; basi impressa vix foveolata, plica humerali subelevata, nitida pilosa.

Femora apice subclavata.

Anm. 1. Die Maxillartaster sind wie bei Sc. humeralis beschaffen, die Mittelbrust ist nicht so hoch gekielt, die Hinterhüften stehen sich ziemlich nahe; die Unterseite der vier Vorderschenkel, die Coxen derselben und die Palpen sind röthlichgelb.

*22. Sc. humeralis: ♀ *elongato-obovatus, rufo-castaneus, pubescens, nitidus; capite elongato; thorace longitudine angustiore, antrorsum globoso, ante basin linea impressa utrinque unipunctato; elytris ovatis.*

Long.: 2 mm., lat.: 1 mm.

Tab. 1, Fig. 4 d' a. b.

♂ *plica humerali elevata, antennarum articulo decimo maximo.*

Long.: 2 mm., lat.: ⅞ mm.

Habitatio: Nova-Granata; Venezuela.

Statura Sc. clavipedis.

Supra laete-, subtus rufo-castaneus.

Antennae capite thoraceque longiores, geniculatae, articulo primo crassiusculo, secundo elongato ad basin angustato, 3—7 tenuibus, latitudine longioribus, subaequalibus, quatuor ultimis abrupte majoribus, distantibus, in femina sensim crassioribus, 8—10 ovalibus, ultimo breviter conico, basi rotundato; in mari 8—10 sensim elongatioribus crassioribusque, decimo maximo, ultimo novo longitudine aequali, acuminato.

Caput elongatum, vertice angustatum, rotundatum; deplanatum nitidum, parce pilosum; oculis prominulis.

Thorax subelongatus, subquadratus, antrorsum rotundatus, angulis posticis obtusis; nitidus, parum pilosus, ante basin utrinque foveolatus et obsolete transversim impressus.

Elytra ovata, sat convexa, ad medium, thorace fere duplo latiora, basi impressa vix foveolataque; nitida, sparsim pilosa, laete castanea.

Palpi testacei; femora subclavata.

Anm. 1. Das dritte Maxillartasterglied ist breit, etwa drei mal so lang als breit, vorn schräg abgestutzt und nicht verengt; das vierte ist kurz kegelförmig. Die Mittelbrust ist hochgekielt, nach vorn eine scharfe Ecke bildend, die Hinterhüften stehen sich ziemlich nahe. Die Hinterbrust und letzten Unterleibsringe sind heller als die übrigen Theile der Unterseite.

Anm. 2. Der Sc. humeralis ist mehrfach in den Sammlungen vertreten und scheint in Neu-Granada nicht selten zu sein.

†††† Thorax postice angustatus.

*23. Sc. subimpressus: *ferrugineus, nitidus, pilosus; capite triangulari, postice rotundato; thorace latitudine longiore, postmedium rotundato-dilatato, antice truncato, ante basin linea impressa utrinque unifoveolato; elytris ovatis, convexis, erecte pilosis, plicis humeralibus, elevatis, laete ferrugineis.*

Long.: $1^2/_3$ mm., lat.: fere $^3/_4$ mm.

Habitatio: Brasilia.

Antennae capite thoraceque longiores, laete ferrugineae, crassiusculae articulo primo crasso, elongato, secundo latitudine longiore ad basin angustato, 3—6 latitudine aequalibus, 3—7 longitudine angustioribus, septimo praecedente majore, quatuor ultimis abrupte majoribus, 8—10 subglobosis, 9-10 subtransversis, ultimo maximo, obovato, subacuminato.

Palpi testacei.

Caput cum oculis triangulare, vertice rotundatum, antice truncatum; nitidum pilosum, pilis posticis densissimis.

Thorax breviter obovatus, antice basique truncatus, postmedium convexus ante basin medio punctis duobus lineaque transversa impressis, angulis posticis obtusis; nitidus, pilosus.

Elytra ovata, ante medium thorace duplo latiora; plica humerali elevata, basi parum-, sutura postscutellum leviter-impressa; nitida, pilis erectis sparsim vestita.

Corpus subtus ferrugineum; pedes testacei; femoribus subclavatis.

Anm. 1. Das dritte Maxillartasterglied ist etwa dreimal so lang als breit, nach vorn und hinter der Mitte schwach verengt, vorn schief abgestutzt; das vierte Glied ist etwas länger als breit, spitz.

*24. Sc. terminatus: *piceus, elytris pedibusque castaneis, tarsis pallidis; pubescens; thorace obcordato, basi impressa bifoveolata utrinque carinata; elytris ovalibus, punctulato-piliferis.*

Long.: 2 mm., lat.: fere 1 mm.

Habitat in Mexico (Teapa).

Antennae capite thoraceque longitudine breviores, piceae, albopilosae, articulis 1—2 elongatis, 3—7 subaequalibus, subquadratis, quatuor ultimis parum majoribus, 8—10 transversis, ultimo elongato acuminato.

Caput subelongatum, postice rotundatum; piceum, ochraceo-hispidum, leviter tri-impressum; oculis parum prominulis.

Thorax obcordatus, antice subconstrictus, truncatus, angulis posticis rotundatis; subnitidus, castaneus, ochraceo-hispidus; basi utrinque carinulata, ante basin transversim impressus utrinque foveolatus.

Elytra ovali subconvexa, castanea, sutura picea; nitida, punctato-pilifera, basi suturaque antice utrinque impressa.

Corpus piceum, pubescens.

Pedes picei, femoribus subclavatis.

Anm. 1. Scydmaenus terminatus ist sehr leicht an der Form des Halsschildes und den beiden, den Quereindruck begrenzenden Leistchen desselben, erkenntlich.

*25. Sc. simplicitus: *rufo-testaceus, pubescens; thorace subcordato, convexo; elytris elongato-ovatis, pubescentibus.*

Long.: $1^{3}/_{4}$ mm., lat.: $^{2}/_{3}$ mm.
Habitat in Mexico (Teapa).

Sc. Zimmermanni statura et magnitudine simillimus, differt elytris impunctatis, brevioribus etc.

Antennae capite thoraceque longitudine aequales, rufo-testaceae, dense albido-pilosae, articulis basi piceis, 1—2 crassis, latitudine latioribus, 3—7 subglobosis, sensim latioribus, quatuor ultimis abrupte majoribus, 8—10 subglobosis, subtransversis, ultimo maximo, elongato-conico.

Caput subrotundatum, convexum, supra antennas gibbosulum; dense ochraceo-pubescens; oculis vix prominulis.

Thorax latitudine longior, ante medium convexus, leviter dilatatus, antrorsum rotundatus, lateribus postmedium compressis, angulis posticis fere rectis; pubescens, subnitidus.

Elytra elongato-ovata, ad medium thorace parum latiora, plica humerali minuta; dense pubescens, subuitida, rufo-castanea.

Corpus totus rufo-castaneum, nitidum, pubescens.

Pedes rufo-testacei, femoribus ante apicem clavatis.

Anm. 1. Es steht dieser Scydmaenus dem Eumicrus Zimmermanni habituell sehr nahe, jedoch fehlt ihm die Punctur desselben, die Flügeldecken sind kürzer, die Eindrücke auf dem Halsschilde sind nicht vorhanden. Ausserdem weicht die neue Art generisch ab durch die Form des vierten Maxillartastergliedes, welches aus dem vorhergehendem — nach der Mitte zu sehr verdicktem, vorn abgestutztem — weit hervorragt.

*26. Sc. trifoveatus: *elongatus, piceus, nitidus, sparsim pilosus, ore, antennis pedibusque testaceis; capite elongato; thorace basi trifoveato; elytris ellipticis, convexiusculis, basi utrinque impressa.*

Long.: $1^{1}/_{3}$ mm., lat.: fere $^{1}/_{2}$ mm.
Tab. 1, Fig. 5 & a. b.
Habitatio Nova-Granata ad flumen „Madalena".

Antennae flavo-pilosae, testaceae, capite thoracequc longiores, articulis 1—2 elongatis, 3—7 subaequalibus, quatuor ultimis majoribus, octo subrotundato, 9—10 subquadratis, parum transversis, ultimo parum acuminato. Palpi testacei, articulo tertio crasso.

Caput elongatum, postice angustatum anticeque rotundatum convexiusculum; piceum nitidum, utrinque ochraceo-hispidum; oculis vix prominulis.

Thorax elongatus subconvexus antice rotundatus, postice utrinque subsinuato-angustatus, supra ad basin trifoveatus, fovea media majora; piceus, in disco sparsim pilosus, lateribus ochraceo-hispidus.

Elytra elliptica, convexiuscula; nitida, picea, sparsim pilosula, basi sat impressa, plica humerali sutura post-scutellum distincta.

Pedes testacei, femoribus subclavatis.

Anm. 1. Die Typen befinden sich in der Sammlung des Herrn v. d. Bruck in Crefeld, durch dessen Güte ich ein Exemplar besitze.

Anm. 2. Der Kopf ist auf der Abbildung etwas zu breit gerathen, ebenso könnte das Halsschild an der Basis ein wenig schmäler gezeichnet sein.

*27. Sc. breviceps: *rufo-testaceus, capite thoraceque obscuriore, nitidus, parum pubescens; capite triangulari; thorace antice globoso, postice utrinque sinuato, basi trifoveolato; elytris ellipticis, basi truncatis, quadri-impressis.*

Long.: $1^3/_4$ mm., lat.: $9/_{10}$ mm.

Tab. 1, Fig. 6 a & b.

Habitatio insula Cuba; leg. Dom. Gundlach et Poey.

Scydmaenus lateritius Gundl. i. l. — Scydm. humeralis Chevr. i. l.

Antennae flavo-pilosae, rufo-testaceae vel castaneae, capite thoraceque longiores, articulis 3—7 subaequalibus, sensim longioribus, quatuor ultimis distincte majoribus, 8—10 subquadratis, ultimo elongato, acuminato.

Caput breviter triangulare, postice subtruncatum, rufo-testaceum vel castaneum, nitidum; fronte concava; oculis prominulis.

Thorax latitudine longior, apice utrinque rotundatus, lateribus postice sinuatis et biimpressis, supra ad basin trifoveolatus, foveola media indistincta; rufo-testaceus, vel castaneus, parum ochraceo-hirsutus.

Elytra elliptica, basi truncata, longitudinaliter quater impressa, plica humerali distincta; rufo-testacea, nitida, glabra, raro-pilosa, convexiuscula.
Corpus subtus rufo-testaceum, nitidum.
Pedes concolores, femoribus subclavatis.
Variat elytris sutura pedibusque castaneis.

Anm. 1. Diese Art befindet sich in den Sammlungen der Herren Riehl (Cassel) und Chevrolat (Paris), sowie in der meinigen und kam in dieselben durch die, um die Kenntniss der Fauna von Cuba hochverdienten Herren Dr. Gundlach und Prof. Poey auf Cuba.

28. Sc. Gundlachii: {rufus, nitidus, puberulus, ore, antennis, capite, thorace pedibusque, tarsis exceptis, nigris; capite subrotundato; thorace elongato antice globoso, lateribus postice sinuatis, basi trifoveolato; elytris ellipticis, basi truncatis, quadri-impressis.

Long.: 2 mm., lat.: ³⁄₄ mm.
Habitatio insula Cuba; leg. Dom. Gundlach.

Scydmaenus nitens Gundlach i. l.? ².
Statura et magnitudo Sc. brevicipitis.
Antennae capite thoraceque longiores, nigrae, nigro-pilosae, articulis 3—7 subaequalibus, sensim longioribus, quatuor ultimis distincte majoribus, 8—10 subquadratis, ultimo elongato, acuminato.
Caput subrotundatum, lateribus utrinque-, postice anticeque subtruncatum, nigrum, nitidum, vix bifoveolatum; fronte concava, oculis prominulis.
Thorax latitudine longior, antice rotundatus, convexus, lateribus postice sinuatis et biimpressis, supra ad basin trifoveolatus, foveola media vix conspicua; niger, ochraceo-hirsutulus.
Elytra elliptica, basi truncata, longitudinaliter quater impressa, plica humerali distincta; rufa, sutura anguste castanea.
Corpus subtus rufum.
Pedes nigri, femora nigro-picea; tarsi testacei.

Anm. 1. Diese, dem Sc. breviceps habituell zunächststehende Art, unterscheidet sich von ihm durch längeren Kopf, schmälere und flachere Flügeldecken, sowie jederseits vorn eingedrücktes Halsschild; von allen mir bekannten süd-amerikanischen Scydmaeniden aber durch die schwarze Farbe der Fühler, des Halsschildes und Kopfes, der Mundtheile und Schenkel.

Anm. 2. Von Herrn Riehl ward mir gleichzeitig ein Sc. nitens Gundl. i. l. eingesendet, welcher dem Habitus nach mit Sc. Gundlachii zu vereinigen ist. Trotzdem, dass er röthliche Beine und Fühler, sowie ein pechbraunes Halsschild hat, sind die Dimensionen der einzelnen Körpertheile, bis auf die der Schenkel, nach meiner Ansicht in Nichts verschieden. Die Schenkel sind weniger rapid verdickt, die hinteren Schienen schwach zweikurvig. Ich glaube in den beiden Thieren die verschiedenen Geschlechter vor mir zu haben. Leider ist Sc. nitens nicht complett. Sollte sich mit der Zeit herausstellen, dass beide Thiere, wie ich annehme, wirklich einer Art angehören, so wird dadurch, wie schon so oft, constatirt, dass auf die Farbe, bei Feststellung von Arten, sehr wenig zu geben ist, was hier um so interessanter erscheint, als selbst die Farbe der Haare nicht mehr entscheidend wäre; denn die Fühler sind bei Sc. nitens gelblich pubescentirt, bei Sc. Gundlachii schwarz!

Anm. 3. Der von Fabricius als Anthicus bicolor beschriebene Scydmaenus, welcher nach Erichson (Käfer d. Mark Brandenburg I, p. 256) zwischen Sc. clavipes und rutilipennis zu stellen ist, kann nicht auf Sc. Gundlachii bezogen werden, da die Gestalt nicht übereinstimmt. Ich komme später auf dieses Thier zurück.

Anm. 4. Die Type befindet sich in Herrn Riehl's Sammlung; sie wurde von Herrn Dr. Gundlach auf Cuba gefunden und möge dessen Namen führen.

*29. „Sc. castaneus: *castaneus, nitidus, parce pilosus, convexus; thorace elongato, antice angustiore, basi bipunctato; elytris ovalibus, laevibus, plica humerali subelevata.*

Long.: $1^1/_3$ lin."

Schaum, Analecta entomologica p. 21.

Long.: $2^3/_4$ mm., lat.: 1 mm.; elytr. long.: $1^1/_2$ mm.

Habitatio: Brasilia; Nova-Granata;

Antennae capite thoraceque longiores, graciliores, castaneae, articulo primo cylindraceo, secundo sequentibus longiore, tertio usque ad sextum aequalibus, cylindricis, septimo praecedentibus paulo crassiore, quatuor ultimis distincte majoribus, 8—10 subquadratis, ultimo elongato, acuminato.

Caput subovatum, castaneum, nitidum, pilosum, fronte concava.

Thorax elongatus, latitudine dimidio fere longior, a medio ad apicem angustatus, basi truncatus, supra disco convexus, ante basin foveis minimis duabus impressus; castaneus nitidus, hirsutus.

Elytra ovali, sat compressa, convexa; basi truncata, medio thorace dimidio latior, utrinque impressa; castanea, nitida, versus latera raropilosa, laevia, plica humerali elevata.

Corpus subtus castaneum, nitidum.

Pedes concolores, femoribus clavatis.

Anm. 1. Die Exemplare, welche mir aus Neu-Granada zugeschickt wurden, und die ich ohne Bedenken als Sc. castaneus, Schaum, bezeichne, haben an der Basis des Halsschildes jederseits eine kleine Grube; da im Uebrigen die Beschreibung des Autors auf dieselben sehr wohl passt, so glaube ich, Schaum hat mit „ante basin punctis minimis duabus impressus" (l. c.) diese Grübchen bezeichnen wollen.

*30. Sc. abscondidus: *elongatus, rufo-ferrugineus, nitidus, parum pilosus; capite postice rotundato; thorace elongato, utrinque rotundato, postice foveato; elytris elongato-ellipticis.*

Long.: $1^3/_5$ mm., lat.: $^3/_5$ mm.

Habitatio Chile; leg. Dom. Ph. Germain.

Statura fere Sc. Helwigii, sed elongatior, thorace elytrisque minus convexis etc. differt.

Rufo-ferrugineus, palpis, tibiis tarsisque pallidis.

Antennae articulo primo robusto, cylindraceo, secundo primo longitudine aequali ad basin angustato, tertio latitudine longiore, 4—6 submoniliformibus, septimo crassiusculo, quatuor ultimis distincte abrupte majoribus, subglobosis, ultimo vix acuminato.

Caput postice semicirculare, antice truncatum; nitidum, sparsim pilosum; oculis parum prominulis, minutis, testaceis.

Thorax elongatus, ante medium utrinque rotundatus, antice angustatus; nitidus, sparsim pilosus; angulis posticis obtusis leviter foveatis.

Elytra elongato-elliptica, parum convexa, nitida, disperse punctatopilifera; basi angustata, impressa; sutura ad scutellum elevata.

Aum. 1. Die Mittelbrust ist gekielt, die röthliche Hinterbrust ist von halber Länge der Flügeldecken, fast glatt. Die hintersten Beine stehen eine Coxenlänge von einander entfernt; die Coxen sind kurz, etwa ein Funftheil der Schenkellänge und liegen an den Schenkeln innen an. Die zartgerandeten Hinterleibsringe sind kurz und dicht gelblich behaart, und je mit einer schwachen Querleiste besetzt. Das letzte Maxillartastergleid ist etwa ein Drittheil so lang und an der Basis über die Hälfte so breit als das dritte, welches oben schräg abgestutzt ist.

*31. Sc. latitarsus: *obovatus, rufo-castaneus, nitidus, hirsutulus; capite subtriangulari, postice dense piloso; thorace subelongato, antrorsum angustato, postice utrinque parum sinuato, ante basin bifoveolato; elytris ovatis, punctatopiliferis, ? tarsis anticis articulis tribus dilatatis.*

Long.: $1^{3}/_{4}$ mm., lat.: $^{3}/_{4}$ mm.

Habitatio: Chile („las Pampas"): leg. Dom. Germain.

Statura Sc. longicipitis.

Antennae capite thoraceque longiores, rufo-testaceae, pilosae, articulis 1—2 longitudine aequalibus, primo crasso, 3—7 subcylindraceis, sensim longioribus, quatuor ultimis abrupte majoribus, distantibus, octo latitudine longiore, 9—10 subglobosis, ultimo elongato.

Caput triangulare, ad oculos latitudine breviore, vertice rotundatum denseque pilosum; hirsutulum, parum convexum, obscure rufo-castaneum, inter antennas leviter impressum; oculis prominulis.

Thorax longitudine angustiore, ante medium rotundato-angustatus, lateribus leviter rotundatis; postice utrinque vix sinuatus angulisque rectis;

convexus, nitidus, hirsutulus, obscure rufo-castaneus; basi linea transversa leviter impressa, ante scutellum utrinque foveolata.

Elytra ovata, rufo-castanea, nitida, dense pubescens; plica humerali clavata, basi impressa bipunctata.

Corpus subtus rufo-castaneum, sparsim hirsutum.

Pedes rufo-testacei, femoribus clavatis; tarsis palpisque testaceis.

Anm. 1. Es ist mir das ♀ dieser eigenthümlichen Species nicht bekannt. Das ♂, wovon sich eines in meiner, ein anderes in Herrn von Bonvouloir's Sammlung befindet, zeichnet sich dadurch aus, dass die ersten drei Glieder der Vordertarsen bedeutend, und selbst die mittleren Tarsen etwas erweitert sind. Es ist also Sc. latitarsus unter den Scydmaeniden quasi der Vertreter der Carabicinen aus der Gruppe der Harpalen.

c. Antennarum articulis quinque ultimis distincte vel abrupte majoribus.

32. „Sc. crassicornis: *piceus, nitidus, pilosus, thorace subelongato, hirto, basi foveis duabus impressus, coleopteris ovalibus, laevibus, antennis crassioribus, articulis ultimis quinque distincte majoribus.*

Long.: 1 lin.

Habitat in Columbia. D. Moritz Mus. reg. Berol.

Sc. validicorni statura et magnitudine simillimus, sed corpore paulo angustiore, pubescentia longiore rariore magis erecta et antennarum articulis quinque ultimis distincte majoribus dignoscentus.

Antennae capite thoraceque parum longiores, crassiusculae, piceae, pilosae, articulis 3—6 subaequalibus, quinque ultimis distincte licet non abrupte majoribus, 7—10 subglobosis, ultimo ovato.

Caput piceum, hirtum, postice rotundatum, oculis prominulis.

Thorax subelongatus, lateribus antrorsum attenuatus, basi truncatus, piceus, hirtus, ante basin utrinque foveolatus, foveis linea transversa absoleta conjunctis.

Corpus subtus piceum, pedibus concoloribus, femoribus valde clavatis."
(Schaum.)
Syn.: Scydmaenus crassicornis, Schaum, Analecta entom. p. 23.

Anm. 1. Es ist mir diese Art in natura nicht bekannt.

33. Sc. globulicollis: *castaneus, nitidus pubescens; thorace latitudine longiore, convexo, antice constricto, hirto, basi foveis duabus impressis; elytris ovalibus, sparsim punctato-piliferis; tarsis testaceis.*
Long : 2 mm., lat.: fere 1 mm.
Habitatio Insula Cuba; leg. Dom. Gundlach.

Sc. Chevrolatii statura et magnitudine simillimus, sed antennarum articulis quinque ultimis distincte majoribus et thorace antice utrinque constricto dignoscendus.

Castanens, tarsi testacei.

Antennae capite thoraceque longiores, articulis ultimis quinque abrupte majoribus, obscure castaneae, pilosae, articulis 3—6 subaequalibus, 7—10 subglobosis, ultimo ovato.

Caput postice rotundatum, oculis parum prominulis.

Thorax latitudine longior, convexus, lateribus postice utrinque parum sinuatis antice compressis; antrorsum deflexus, constrictus, angulis posticis rectis; ante basin utrinque absolete foveolatus, foveis linea transversa conjunctis.

Elytra breviter-ovali, castanea, sutura obscuriore; nitida, sparsim punctato-pilifera, plica humerali elevata.

Pedes castanei, femoribus valde clavatis.

Anm. 1. Das siebente Fühlerglied scheint schmäler als das sechste und kugelförmig zu sein. Das einzige vorliegende Exemplar aus Herrn Riehl's Sammlung, welches von Herrn Dr. Gundlach auf Cuba gefunden und unter dem von mir beibehaltenen Namen eingesendet ward, ist leider durch Schimmel etwas verdorben.

*34. Sc. bifoveolatus: *rufo-piceus, parum nitidus, dense pubescens, punctulatus; thorace subgloboso, basi truncato, utrinque foveato; elytris ovatis.*
Long.: 1²/₃ mm., lat.: ³/₄ mm.
Habitat in Mexico (Teapa).

Caput, thorax. elytraque rufo-picea, punctulata, pubes ochracea dense adpressa.

Antennae capite thoraceque longiores, rufo-piceae, pilosae, articulis 3—6 subaequalibus fere moniliformibus, quinque ultimis distincte licet non abrupte majoribus latitudine fere aequalibus, 7—10 subglobosis, ultimo acuminato.

Palpi testacei.

Caput subquadratum, postice rotundatum; oculis prominulis: fronte leviter impressa.

Thorax subglobosus, latitudine vix longior, antrorsum rotundatus, lateribus postice subsinuatis; basi truncatus, ante basin utrinque plus minusve foveatus, foveis linea transversa absolete conjunctis.

Elytra ovata, parum nitida, hirsuta, basi utrinque impressa, plica humerali subelevata.

Pedes rufo-castanei, femoribus vix clavatis.

Anm. 1. Während das Exemplar meiner Sammlung auf dem Halsschilde über der Basis zwei, fast schwach zu nennende, Eindrücke hat, zeigt das des Herrn Chevrolat in Paris dieselben als tiefe Gruben. Trotzdem habe ich die Ueberzeugung, dass beide Thiere einer Art angehören, da ich ausser erwähntem Unterschiede keine anderen finden kann und beide Thiere um Teapa in Mexio gefunden wurden.

Nachschrift. Herr Vicomte von Bouvouloir besitzt den Sc. bifoveolatus auch in einem specimen, welches in Betreff der Eindrücke auf dem Halsschilde mitten zwischen den beiden obenerwähnten Exemplaren steht, also den Uebergang vermittelt.

*35. Sc. patens: *testaceus, nitidus, pubescens, capite thoraceque rufocastaneis, thorace elongato, postice angustato, antrorsum rotundato; elytris ellipticis, disperse sparsim punctato-piliferis antennarum articulis basi truncatis.*
Long.: $2^2/_5$ mm., lat.: $^3/_5$ mm.
Tab. 2, Fig. 7 & a. b.
Habitatio insula Cuba; leg. Dom. Gundlach.

Antennae capite thoraceque longiores, rufo-testaceae, articulis 4—10 basi truncatis antrorsum rotundatis, ultimo breviter conico; 1—2 elongatis, tertio minore, 4—6 subaequalibus, quinque ultimis distincte majoribus sed sensim crassioribus, 7—10 transversis.

Caput rufo-castaneum, breviter pilosum, longitudine latius, postice vix excisum; oculis non prominulis.

Thorax elongatus subcordatus, basi truncatus, angulis posticis rectis, ante scutellum longitudinaliter subcarinatus, utrinque foveolatus, laevis, pilosus.

Elytra testacea, elliptica, sparsim punctato-pilifera, punctis fere striatim-dispositis; basi discoque postscutellum impressis, sutura et plica humerali elevatis.

Corpus subtus pedesque testacei, femora posteriora parum clavata.

Anm. 1. Das abgebildete und beschriebene Exemplar befindet sich in Herrn Riehl's Sammlung in Cassel.

*36. Sc. festivus: *pallidus, nitidus, hirsutus; thorace elongato, hirto, basi foveis duabus obsolete impressis; elytris ampliatis, laevibus; antennarum articulis primis gracilibus, quinque ultimis crassioribus, 7—9 nigris.*
Long.: 2 mm., thorac. lat.: $^1/_3$ mm., elytr. lat.: $^3/_4$ mm.
Habitatio: America australis; leg. Dom. Bates.

Antennae capite thoraceque multo longiores, testaceae, articulis 7—9 nigris vel piceis, 3—6 subaequalibus, filiformibus, quinque ultimis crassioribus, septimo elongato-ovato, octo ovali, 9—10 fere globosis, ultimo acuto, 9—11 latitudine aequalibus, dense pilosis.

Caput dilute testaceum, glabrum, convexum, elongato-triangulare; oculis vix prominulis.

Thorax pallidus, hirtus; elongatus, angustatus, antice rotundatus; lateribus postice compressis et foveolatis, supra ad basin bifoveolatis.

Elytra ampliata, convexa, antice posticeque angustata; pallide vel ochraceo-testacea, laevis, pilis raris obsitis; basi utrinque profunde impressa; plica humerali subelevata.

Pedes pallidi, femoribus subclavatis, dense pubescentibus, tibiis gracilibus.

Anm. 1. Dieses so eigenthümliche als liebliche Käferchen ist sofort durch die aufgetriebenen Flügeldecken, die zweifarbigen Fühler und das gestreckte Halsschild zu erkennen.

Anm. 2. Herr Vicomte von Bonvouloir hatte die Güte, mir eines seiner zwei Exemplare zu überlassen.

37. *Sc. longiceps: *elongato-obovatus, rufo-castaneus, nitidus, sparsim ochraceo-pilosus; capite oblongo, nigro-piceus; thorace subelongato, antrorsum angustato, lateribus parum rotundatis, basi impressa utrinque bipunctata; elytris ellipticis, rubicundis, sparsim punctato-piliferis.*

Long.: 2 mm., lat.: $^7/_8$ mm.
Habitatio: Chile.

Antennae capite thoraceque longiores, rufo-testacea, pilosae, articulis 3—6 subaequalibus, quinque ultimis majoribus, 7—10 subglobosis, ultimo conico.

Caput piceum, pilosum, oblongum, subconvexum; oculis prominulis.

Thorax antrorsum attenuatus, subelongatus, lateribus, basi truncatus; rufo-castaneus, sparsim pilosus, ante basin utrinque bipunctatus et linea transversa impressus, postlineam utrinque bipunctatus.

Elytra late elliptica, subconvexa basi thorace latiora utrinque impressa; laevis, sparsim punctato-pilifera; plica humerali subelevata.

Corpus subtus rufo-castaneum.

Pedes rufo-testacei, femoribus subclavatis.

d) Antennarum articulis ultimis sensim crassioribus.

*38. Sc. assecculatus: curtus, rufo-ferrugineus, antennis, pedibus, tarsisque dilutioribus nitidus, hirsutus; capite subtransverso, antice transversim impresso; thorace subquadrato, angulis obtusis, ante basin leviter impresso, bipunctato; elytris breviter-ovatis; utrinque carinatis.
Long.: $1^{1}/_{2}$—$1^{2}/_{3}$ mm., lat.: $^{3}/_{4}$ mm.
Habitat in Nova-Granata (ad flumen „Rio Madalena").

Antennae rufo-testaceae, pilosae, capite thoraceque longiores; articulo primo crasso secundo latitudine longiore, secundo basi constricto, 3—11 sensim majoribus, 3—6 subglobosis, 7—11 abruptis, septimo subquadrato, 8—10 transversis, ultimo elongato-acuminato.

Caput subtransversum, vertice rotundatum, inter antennas truncatum, antice leviter transverse impressum, nitidum, breviter pubescens; oculis fortiter prominulis.

Thorax subquadratus, transversus, antice parum angustatus, angulis rotundatis; ante basin linea leviter impressa bipunctataque; rufo-ferrugineus, dense ochraceo-hirsutus.

Elytra breviter ovata convexa, plica humerali carinata; rufo-ferruginea, hirsuta.

Corpus subtus rufo-ferrugineum, dense hirsutum.
Pedes rufo-testacei, femoribus parum elevatis.

Anm. 1. Dies, durch seine leistenartig, bis zur Mitte der Flügeldecken verlängerten Schulterhöcker, sowie durch seine Fühlerbildung ausgezeichnete Thierchen, welches sich sowohl in Herrn v. d. Bruck's als meiner Sammlung je einmal befindet, hat insofern merkwürdige Palpen, als das dritte Maxillartasterglied an der Basis nicht stielartig verschmälert ist, sondern gleich von da aus an Breite rasch zunimmt und sich schon wieder weit vor der Mitte leicht verschmälert.

Das letzte Glied ist als feines Spitzchen sichtbar, ähnlich wie bei Sc. gibbulus und latipennis. Die braunen Mandibeln sind sehr schmal, wenig gebogen, lang, spitz und lassen (am Thiere) keine Zähne erkennen. Die Mittelbrust ist nur schwach gekielt.

c) Antennis filiformibus.

*39. Sc. Chevrolatii: ♀ *nigro-piceus, nitidus, pilosus; thorace elongato antice angustato-rotundato, angulis posticis obtusis, basi utrinque uni-foveolato; elytris valde convexis pedibusque rufo-castaneis; palpis tarsisque testaceis.*
Long.: 1²/₅ mm., lat.: 1¹/₈ mm.
Tab. 2, Fig. 8 & a—d.
Scydmaenus Chevrolatii Pil. i. l.
♂ *thorace subquadrato, tarsi anteriores dilatati.*
Long.: 1¹/₂ mm., lat.: 1¹/₁₀ mm.
Scydmaenus Dejeanii Pil. i. l.
Habitatio: Mexico (Yucatan!).

♀ Antennae filiformes, piceae capite thoraceque longiores, articulis ultimis vix crassioribus, 3—7 subquadratis, 8--10 globosis, ultimo ovato-acuminato.

Caput elongatum, nigro-piceum, ochraceo-pilosum, antice deplanatum et transversim subcarinatum.

Thorax latitudine longior, ante medium rotundatus, supra convexus, nigro-piceus, ochraceo-pilosus, ante basin utrinque foveolatus et obsolete transversim impressus, angulis posticis obtusis, carinatis.

Elytra latiora, lateribus et postice rotundatis; plica humerali elevata, sutura apice indistincte impressa; rufo-castanea ad scutellum obscuriora; sparsim punctulato-pilifera.

Corpus subtus nigro-piceum vel castaneum.

Pedes rufo-castanei, femoribus clavatis; tarsi testacei.

♂ Tarsi anteriores articulis 1—3 fortiter dilatatis; thorax fere quadratus, pulvinatus, angulis anticis rotundatis; sutura postice impressa.

Anm. 1. Das Vorhandensein verbreiteter Vordertarsen bei den Männchen in der Gruppe der echten Scydmaenen wurde bisher, ausser von mir bei Sc. latitarsus, nicht beobachtet; Schaum legte bei der Eintheilung der ihm bekannten Arten — mit Recht! — Werth auf diese Verbreiterung (Germar, Zeitschrift f. Entom. V, p. 465).

f) Antennarum articulo septimo maximo.

*40. Sc. nodicornis: *elongatus, subdepressus, ferrugineus, nitidus, dense depresse-pilosus; thorace elongato, subcordato, basi ante scutellum profunde bipunctata utrinque impresso; elytris elongato-ellipticis, subdepressis, punctatis, adpressa pilosis; antennarum articulo septimo crasso, subquadrato.*

Long.: 2 mm., lat.: ³/₄ mm.
Tab. 2, Fig. 9 d. a. b.
Habitatio Chile; leg. Dom. Ph. Germain.

Statura Chevrolatiae insignis.

Antennae crassiusculae, capite thoraceque longitudine aequales, dense albido-pilosae; articulis 1—2 elongatis, 3—4 ovalibus, 5—7 sensim crassioribus, 5—6 subglobosis, septimo maximo, subquadrato, quatuor ultimis abruptis, 8—10 subtransversis, ultimo longitudine angustiore, subemniinato.

Caput subrotundatum, postice truncatum, convexum; dense ochraceopilosum, nitidulum; oculis parum prominulis.

Thorax elongatus, lateribus postmedium sinuatis, antrorsum rotundatis; antice basique truncatis, ante scutellum profunde bipunctatus et carinulatus, angulis posticis longitudinaliter impressis, acutis; dense adpresso-pilosus.

Elytra elongato-elliptica, subdepressa, dense adpresso-pilosa, punctata, basi profunde impressa; plica humerali elevata. elongata.

Pedes graciles, femoribus subclavatis.
Totus ferrugineus.

Anm. 1. Die Mittelbrust ist mässig gekielt, die Hinterbrust nimmt ¹/₃ der Länge des Thieres ein, ist glänzend, rostroth, dicht kurz behaart; die Hinterhüften sind wenig von einander entfernt. Das dritte Maxillartasterglied ist vorn verengt, das vierte an der Basis fast so breit als vorhergehendes am Ende, fast doppelt so lang als breit, etwas konisch mit langer borstenförmiger Spitze.

2. Femora postica spinosa.

*41. Sc. dentipes: *testaceus, capite thoraceque, femoribus tibiis et antennis, exceptis articulis tribus ultimis, piceis, subnitidus, pubescens; thorace elongato postice angustato, basi septem foveolato; elytris ovatis, rufo-brunneis, adpresse-hirsutis, sparsim punctatis.*

Long.: $2^1/_2$ mm., lat.: fere 1 mm.

Tab. 2, Fig. 10 & a—c.

Habitatio insula Cuba; leg. Dom. Gundlach.

Scydmaenus dentipes, Gundl. i. l.

Antennae capite thoraceque longiores, piceae, articulis ultimis dilute testaceis, prima et secundo aequali, 3—5 elongatis, singulo supra basin subconstricto primo longiore, sexto minore subquadrato, quinque ultimis sensim distincte abrupte majoribus, 7—10 transversis, ultimo breviter conico.

Caput piceum, pubescens, triangulatum, postice truncatum; oculis prominulis.

Thorax elongatus, postice angustatus, antice rotundatus, pulvinatus, lateribus subtus compressis, basi truncatus, ante basin transversim impressus et septem-punctatus, puncto medio ante impressionem disposito, castaneus, griseo-breviter adpresso-hirsutulus, subnitidus.

Elytra ovata, subconvexa, rufo-brunnea, sparsim punctata, pilis hirsutis adpressis dense tectis; basi truncata, profunde impressa, plica humerali elevata.

Pedes castanei, tarsis palpisque testaceis, femoribus posticis spinosis.

Variat totus testaceus (immatura!).

Anm. 1. Durch Herrn Dr. Gundlach in Herrn Riehl's Sammlung in Cassel, sowie durch die Güte des Letzteren in meinem Museum vertreten.

*42. Sc. Batesii: *ferrugineus, nitidus, pubescens, palpis testaceis; thorace elongato, postice angustato et compresso, dense hirsuto; elytris elongato-ovatis, hirsutis.*

Long.: 2³,₅ mm., lat.: ⁴/₅ mm.
Tab. 2, Fig. 11 a. b.
Habitatio: Brasilia (Ega!); leg. Dom. Bates.

Sc. dentipedi simillimus sed major, corpore paulo angustiore, unicolor, thorace minus foveolato etc. dignoscendus.

Ferrugineus, palpi testacei.

Antennae pilosae, capite thoraceque longiores, articulis sensim majoribus, 1—2 subquadratis, longitudine fere aequalibus, 3—6 elongatis, 4—6 longitudine vix diversis, 2—6 singulo subconstricto, quinque ultimis distincte abrupte majoribus, dilutioribus, septimo breviter obovato, 8—10 transversis, ultimo conico.

Caput elongato-triangulatum, vertice truncatum; pilosum, supra antennarum basin elevatum; oculis prominulis.

Thorax dense ochraceo-hirsutus, elongatus, pulvinatus, postice angustatus, lateribus subtus compressis postice foveatis; basi truncata; ante basin indistincte bifoveolatus et canaliculatus.

Elytra elongato-ovata, ochraceo-hirsuta, nitida, convexa, basi constricta; plica humerali parum elevata.

Femora postica spinosa.

Variat totus castaneus, antennis pedibusque dilutioribus.

Anm. 1. Das zweite Palpenglied zeigt unter dem Microscope eine Längslage kleiner Zähnchen, wie auf der Abbildung angedeutet ist. Leider habe ich von diesem Thiere keine Palpe zur genaueren Untersuchung disponibel, um ein genaues Referat geben zu können.

Anm. 2. Es sei mir gestattet, diesen ausgezeichneten Scydmaeniden nach dem Entdecker, Herrn Bates, zu nennen. Herr Bates hat während seiner Excursion am hohen Amazonenstrom mit einem, fast beispiellosen, Fleisse, besonders die minutiösen faunistischen Erzeugnisse dieser Gegend gesammelt.

Anm. 3. Die Originale befinden sich in Herrn v. Bouvouloir's und meiner Sammlung, je einmal.

*43. Sc. spinipes: *rufo-piceus, pubescens, subnitidus, antennarum articulis ultimis tibiis tarsisque dilute testaceis; thorace elongato, postice angustato, basi obsolete quinque foveolato; elytris ovatis, punctatis, thoraceque hirsutis.*

Long.: $2^2/_3$ mm., lat.: $^3/_1$ mm.
Tab. 2, Fig. 12 & a. b.
Habitatio: Mexico (Teapa!).

Scydmaenus spinipes Chevr. i. Coll.
Rufo-piceus, palpi testacei.

Antennae capite thoraceque longiores, rufo-piceae, articulis 1—2 subquadratis, 3—6 ovalibus, quinque ultimis distincte abrupte majoribus, dilutioribus, 7—10 transversis, septimo fere quadrato, ultimo conico.

Caput elongatum, postice utrinque rotundatum; basi truncata: hirsutum; fronte concava; oculis prominulis.

Thorax elongatus, fere subcordatus, antice rotundatus, postice angustatus; lateribus rectis, compressis et postice fovea majore obsoleta; basi truncata; convexus subnitidus, dense hirsutus. ante basin obsolete quinque foveolatus.

Elytra ovata, convexa, punctulata, subnitida, dense hirsuta; basi vix impressa; angulis humeralibus obsoletis.

Femora postica spinosa, tibiis tarsisque dilutioribus.

Anm. 1. Es scheint dies Thier um Teapa in Mexico häufiger zu sein, denn es befindet sich in mehreren europäischen Sammlungen.

44. Sc. Bonvouloirii: *rubicundus, nitidus, pubescens, antennis pedibusque testaceis; thorace elongato-subcordato, basi octopunctato, hirsuto; elytris breviter ovatis punctulatis, hirsutis.*

Long.: $2^1/_3$ mm., lat.: $^3/_4$ mm.
Tab. 3, Fig. 13 & a. b.
Habitatio America australis (ad flumen Amazonum); leg. Dom. Bates.

Sc. spinipenni valde affinis, sed colore, antennarum articulis mediis elongatioribus, thorace breviore differt.

Rubicundus, palpis, antennis pedibusque, testaceis.

Antennae capite thoraceque longiores, articulis 1—6 latitudine aequalibus, 1—2 subquadratis, 3—6 elongatis longitudine aequalibus, quinque ultimis distincte abrupte majoribus, septimo fere globoso, 8—10 transversis, ultimo breviter conico.

Caput elongatum postice utrinque rotundatum; basi truncata; pubescens, supra antennarum basin elevatum; oculis parum prominulis.

Thorax elongatus, subcordatus, valde convexus, antice rotundatus; nitidus, hirsutus ante basin; punctis lineam curvam formantibus.

Elytra breviter ovata, nitida, leviter sparsim punctulata, punctis piliferis; rubicunda, sutura auguste obscurior, basi impressa, plica humerali elevata.

Femora postica spinosa.

Anm. 1. Die zuvorkommende Bereitwilligkeit, mit welcher mir mein liebenswürdiger College, Herr Vicomte de Bonvouloir in Paris, Mitglied der Société entomologique de France, seine reichen Schätze von Scydmaenen und Pselaphiden aus Süd-America, zur Bearbeitung lieh, verpflichtet mich ihm zum grössten Danke.

Diesen Dank nur theilweise auszusprechen, erlaubte ich mir vorstehend beschriebenen Scydmaenen nach dem Verfasser der Monographie der Throsciden zu nennen.

B. Palpi maxillares articulo tertio quartoque fusiformes: Gen. **Eumicrus**.
  a. Antennarum articulis tribus ultimis majoribus. Thorax plus minusve subcordatus.

S.-Gen. Cholerus, Thms.
† Corpus elongatum, testaceum (Typus: Eum. Hellwigii).
   Eum. pubescens, annulicornis, minutissimus, mexicanus.
†† Corpus elongatum, dilute brunneum (Typus: Eum. Zimmermannii).
   Eum. speculator, venustus, semipunctatus.
††† Corpus elongato-obovatum, deplanatum.
   Eum. deplanatus.

Gen. Eumicrus, Lap.
†††† Corpus obovatum.
   Eum. bisphaericus, impressicollis, flaveolus, commilitonis, sphaericollis, rubens, subnudus, latus, cognatus, brunneus, affinis.
Thorax conicus:
   Eum. Idoneus.

  b. Antennarum articulis quatuor ultimis sensim leviter crassioribus.
    Eum. dux, procer.
  c. Antennarum articulis quatuor ultimis majoribus.
    Eum. brevicornis.

C. Palpi maxillares articulo tertio quartoque oviformes. Gen. **Cephennium**.
    Ceph. spinicolle.

Eumicrus. Lap.

**Mandibulae parte apicali acutae, intus basi bidentatae.
Palpi labiales articulo secundo longissimo.**

a. Antennarum articulis tribus ultimis majoribus. Thorax plus minusve subcordatus.

† Corpus elongatum, testaceum (Typus Eum. Helwigii).

*45. **Eum. pubescens**: *elongatus, rufo-testaceus, subnitidus, pubescens: thorace elongato, subcordato, angulis posticis obtusis; elytris obovatis.*
Long.: $1^{2}/_{5}$ mm., lat.: $1^{1}/_{2}$ mm.
Tab. 3, Fig. 14 a. b.
Habitat in insula Cuba; leg. Dom. Gundlach.

Sc. Hellwigii statura simillimus sed elongatior et minor.

Antennae capite thoraceque longiores, tenuae, testaceae, articulis 1—2 cylindricis, 3—6 subovalibus, 7—8 moniliformibus, tribus ultimis abrupte majoribus omnino ut in Sc. Hellwigii conformatis.

Caput cum oculis subquadratum, transversum, angulis obtusis; postice parum sinuatum; rufo-testaceum, nitidum.

Thorax latitudine longior, convexus, ante medium latus, lateribus rotundatis; postice angustatus, angulis posticis obtusis; rufo-testaceus, subnitidus, leviter pubescens, basi vix marginatus.

Elytra obovata, rufo-testacea, subnitida, pubescens, subtilissime rugulosa; basi impressa et plicatula.

Pedes pallidi, femoribus clavatis.

Anm. 1. Es befinden sich von diesem netten Thierchen zwei Exemplare in Herrn Riehl's Sammlung, ein drittes ward mir von demselben gütigst überlassen, ein viertes, leider angespiesstes und durch die Nadel gänzlich verdorbenes, besitzt Herr Chevrolat in Paris.

Anm. 2. Die ersten Glieder der Vordertarsen sind (beim ♂?) etwas verbreitert, wie ich an einem der mir vorliegenden Stücke deutlich sehen kann; möglich, dass damit der leichte Ausschnitt am Obertheil des Kopfes in Verbindung steht und derselbe beim ♀ fehlt. Die Präparation der übrigen zwei Eum. pubescentium erlaubt eine specielle Untersuchung der Tarsen nicht, die Kopfbildung ist wie erwähnt.

46. **Eum. annulicornis:** *elongatus, rufo-testaceus, nitidus, pilosus; thorace cum collo elongato-obcordato, angulis posticis obtusis; elytris breviter-ovalibus, longius pilosis.*

Long 1⅝ mm., lat.: ⅗ mm.
Tab. 3, Fig. 15 a. b.
Habitat in America australi (ad flumen Amazonum); leg. Dom. Bates.

Sc. Hellwigii statura, magnitudine et colore similis, differt punctis subtiliter sparsis et pilis longioribus.

Antennae capite thoraceque longiores, testaceae, articulis basi brunneis, primo crasso, elongato, secundo latitudine longiore, ad basin angustato, 3—8 subaequalibus, tribus ultimis abrupte majoribus, omnino ut in Sc. Helwigii conformatis.

Caput subquadratum, transversum, angulis obtusis; rufo-testaceum, nitidum, sparsim pilosum.

Thorax subcordatus, cum collo elongato-obcordatus, angulis posticis obtusis; rufo-testaceus, nitidus, sparsim pilosus.

Elytra breviter-ovalis, rufo-testacea, nitida, sparsim punctata, pilifera, pilis longis, erectis; convexa, ad basin deflexa, plica humerali fere nulla.

Corpus subtus rufo-testaceum, pilosum.

Pedes pallidi, basi rufo-picea, femoribus clavatis.

Anm. 1. Ein Exemplar in Herrn v. Bonvouloir's Sammlung.

* 47. **Eum. minutissimus:** *elongatus, testaceus, nitidus, subpubescens; thorace elongato-subcordato; elytris ovatis, convexis, pilosulis.*

Long.: *1 mm.*, lat.: *²/₅ mm.*
Tab. *3, Fig. 16 a. b.*
Habitat in *America australi* (ad *flumen Amazonum*); *leg. Dom. Bates.*

Antennae flavo-testaceae, albopilosae, capite thoraceque parum longiores, articulis 1—2 elongatis ad basin angustatis, 3—8 tenuibus, subaequalibus, tribus ultimis majoribus, 9—10 transverse-subquadratis, ultimo maximo acuminato.

Caput transversum, subquadratum, postice subsinuatum; convexum, nitidum, subpilosum, oculis vix prominulis.

Thorax elongato-subcordatus, angulis posticis obtusis; convexus, nitidus, subpubescens.

Elytra ovata, convexa, nitida, pilosula, ad basin deflexa, plica humerali fere nulla.

Corpus subtus testaceum, subpubescens.

Pedes flavo-testacei, femoribus elongato-clavatis.

Anm. 1. Unter dem Microscope bemerkt man bei günstiger Beleuchtung, dass die, ausserdem glatt erscheinenden Flügeldecken, mit äusserst feinen, zerstreuten Pünktchen besetzt sind, aus welchen die niedergebogenen Härchen entspringen.

Anm. 2. Es ist dies der kleinste, mir bekannte südamerikanische Scydmaenide; er hat ohngefähr die Grösse des Sc. nanus, Schaum.

Anm. 3. Es liegen mir fünf Exemplare vor, welche Herrn Vicomte v. Bonvouloir's und meiner Sammlung einverleibt sind.

*48. **Eum. mexicanus**: *elongatus, testaceus, nitidus, subpubescens, sparsim punctatus; thorace elongato-subcordato: elytris ovalibus, sparsim punctulatis, pilosis.*

Long.: *1 ⅓ mm.*, lat.: *²/₅ mm.*
Habitat in *Mexico (Teapa).*

Antennae flavo-testaceae, albo-pilosae, capite thoraceque longiores, articulis 1—2 elongatis ad basin parum angustatis, 3—6 tenuibus, quinto elongato, 6—8 sensim crassioribus, tribus ultimis majoribus, sensim crassioribus, 9—10 quadratis, ultimo latitudine longiori.

Caput transversum, subquadratum, postice vix sinuatum; testaceum convexum, sparsim subtilissime punctulatum, pilosum.

Thorax subcordatus, elongatus, angulis posticis obtusis; testaceus, convexus, nitidus, pubescens.

Elytra ovalis, convexa, nitida, testacea, pilosula, sparsim subtiliter punctulata; plica humerali nulla.

Corpus subtus testaceum, pubescens.

Pedes flavo-testacei, femoribus elongato-clavatis.

Anm. 1. Es ist diese mexicanische Art ein wenig grösser, als die vorhergehende und sofort durch die deutlich punktirten, gestreckteren Flügeldecken und das etwas kürzere Halsschild zu erkennen.

†† Corpus elongatum, dilute brunneum (Typus: Eum. Zimmermannii).

*49. Eum. speculator: *elongato-obovatus, rufo-brunneus, nitidus, pilosus; caput subquadrato; thorace cordato, convexo, elytris ellipticis, convexis; antennis pedibusque testaceis.*

Long.: $1^{1}/_{2}$ mm., lat.: $^{5}/_{8}$ mm.

Habitat in Mexico (Teapa).

Sc. Hellwigii statura et magnitudine simillimus, differt colore obscuriore, thorace majore, subglobosa, pubescentia longiore.

Antennae capite thoraceque longiores, testaceae, pilosae, articulo primo crasso, elongato, secundo elongato-conico, 3—5 subaequalibus, 6—7 reniformibus, octo sublenticulato, intus producto|, tribus ultimis abrupte majoribus, omnino ut in Sc. Hellwigii conformatis.

Caput subquadratum, parum transversum, angulis obtusis, sparsim pilosum; oculis vix prominulis.

Thorax convexus, cordatus, antice rotundatus, angulis posticis obtusis, niditus, sparsim pilosus.

Elytra elliptica, convexa, nitida, longius pilosa, rufo-brunnea; basi parum impressa; plica humerali obtusa.

Pedes testacei, femoribus clavatis.

Anm. 1. Die Flügeldecken erscheinen unter guter Loupe uneben, das siebente und achte Fühlerglied nach innen erweitert. Dadurch, dass Kopf, Halsschild, Flügeldecken progresiv an Breite zunehmen, der verhältnissmässig kleine Kopf gleichzeitig fast quadratisch ist, erhält das Thier eine langgestreckte, verkehrt eiförmige Gestalt, etwa wie recht schmale Eier von Uria rhingvia. Die folgende Art vom Amazonenstrome sieht dieser täuschend ähnlich, der breite, grössere Kopf, das breitere Halsschild aber ändern die Form, welche sich zu der des Eum. (Sc.) Zimmermannii, Schaum, von Nord-Amerika hinneigt, sich von ihm jedoch durch viel kürzere, gewölbtere Flügeldecken, die nicht punktirt sind, gut unterscheidet.

50. **Eum. venustus**: *elongatus, subparallelus, rufo-brunneus, subnitidus, pilosus; capite subquadrato, transverso; thorace breviter cordato, convexo; elytris ovalibus; antennis pedibusque dilute testaceis.* (♀.)

Long.: $1^1/_2$ mm., *lat.*: $^5/_8$ mm.

Habitat in America australi (ad flumen Amazonum): leg. Dom. Bates.

Sc. Zimmermannii similis, differt impunctatis, elytris brevioribus.

Antennae ut in Eum. speculatori conformatis.

Caput subrotundatum, transversum, postice parum sinuatum, sparsim pilosum; oculis vix prominulis.

Thorax breviter cordatus, antice rotundatus, angulis posticis obtusis; subnitidus, pilosus.

Elytra ovalis, convexa, subnitida, longius pilosa, rufo-brunnea, basi parum impressa, plica humerali obtusa.

Pedes rufo-testacei, femoribus parum clavatis; tarsi maris dilatati.

Anm. 1. Ein Exemplar in Herrn Vicomte von Bonvouloir's Sammlung.

51. **Eum. semipunctatus:** *elongatus, subparallelus, rufo-testaceus, subnitidus, pilosus; caput subquadrato, transverso; thorace subcordato, convexo, elytris ovalibus, confertim punctulatis* (¹).

Long.: $1^{5}/_{8}$ mm., *lat.:* $^{5}/_{8}$ mm.

Habitat in America australi (ad flumen Amazonum), leg. Dom. Bates.

Statura Eum. venusti.

Antennae capite thoraceque longiores, testaceae, pilosae, articulo primo crasso, elongato, 2—5 subaequalibus, quinto elongato, antice exciso, sexto fere rhomboidale, 7—8 transversis, tribus ultimis abrupte majoribus, omnino ut in Sc. Hellwigii conformatis.

Caput subquadratum, transversum, postice leviter sinuatum, subtus breviter leviterque pubescens, lateribus sparsim pilosis; parum convexum, rufo-testaceum; oculis vix prominulis.

Thorax cordatus, convexus, nitidus, parce piliferis.

Elytra ovalis, convexa, profunde punctata, subtiliter rugulosa, punctis piliferis, rufo-testacea.

Corpus subtus rufo-testaceum, pilosum.

Pedes pallidi, femoribus clavatis; tarsi maris dilatati.

Anm. 1. Das Exemplar befindet sich in Herrn Vicomte v. Bouvouloir's Sammlung.

††† Corpus elongato-obovatum, deplanatum.

*52. **Eum. deplanatus:** *deplanatus, rufo-testaceus, nitidus, pilosus, punctulatus; thorace subcordato, angulis anticis rotundatis, basi profunde fere longitudinaliter bifoveato; elytris ovalibus, basi utrinque impressa.*

Long.: $1^{1}/_{6}$ mm., *lat.:* $^{1}/_{2}$ mm.

Tab. 3, Fig. 17 a. b.

Habitat in Caracas et Venezuela.

Ruto-testaceus, antennis, pedibus palpisque testaceis; nitidus, ochraceo-pilosus, subtiliter punctulatus.

Antennae capite thoraceque parum longiores, crassiusculae, articulo primo elongato, secundo conico, 3—8 moniliformibus, gradatim crassioribus, 9—10 transversis, ultimo ovato.

Caput rufo-testaceum, subglobosum; oculis, nigris, prominulis.

Thorax subcordatus, angulis anticis deflexis, rotundatis, posticis rectis; ante basin ad media profunde bifoveatus, foveis suboblongis.

Elytra ovalis, in disco deplanata, subtiliter puuctulata; basi utrinque sutura antice impressa.

Femora parum clavata.

Anm. 1. Ein Exemplar von Caracas befindet sich iu Chevrolat's, das andere von Venezuela in meiner Sammlung.

†††† Corpus obovatum.

53. Eum. bisphaericus: *brevis, castaneus, nitidus, pilosus; capite fere quadrato, postice subangustato; thorace breviter ovali, quadri-foveolato, foveolis exterioribus minutis; elytris ovalibus, convexis.*

Long.: $2^2/_3$ mm., lat.: $1^1/_4$ mm.

Habitat in Mexico (Teapa).

Antennae capite thoraceque longiores, rufo-castaneae, dense albido-pilosae, articulis 1 et 5, 3. 4 et 6, 7 et 8 inter se longitudine aequalibus, primo crasso quintoque elongato, 2, 3, 4, 6 latitudine longioribus, quinto antice subdilatato, 7—8 subquadratis, minutis, tribus ultimis majoribus, sensim crassioribus, ultimo elongato acuminato.

Caput subquadratum, latitudine longiore, lateribus rectis postice subangustatis, basi truncatum, angulis anticis rotundatis, posticis obtusis; convexum, nitidum, pilosum, inter oculos subtiliter bifoveolatum; oculis non prominulis.

Thorax breviter ovalis, subglobosus, ante medium latissimus, basi subrotundatus utrinque bifoveolatis, foveolis exterioribus obtusis; nitidus, pilosus, castaneus.

Elytra ovalis, convexa, nitida, pilosa, castanea, basi leviter impressa; plica humerali subelevata.

Pedes dilute rufo-castanei, elongati, femoribus subclavatis.

Anm. 1. Es ist diese Art die grösste der nächsten Verwandten und leicht an seiner fast zweikugeligen Gestalt zu erkennen.

*54. **Eum. impressicollis**: *brevis, rufo-castaneus, subnitidus, dense pilosus; capite transverso; thorace ovali, utrinque transverse impresso bifoveolatoque; elytris breviter ovalibus, subglobosis, dense punctulato pilosis.*

Long.: $1^{3}/_{4}$ mm., lat.: $^{9}/_{10}$ mm.

Habitat in Brasilia („Neu Friburg").

Eum. bisphaerici statura similis sed multo minor, minus nitidus, rufo-castaneus, thorace utrinque impressus, capite transverso, antennis crassioribus distinguendus.

Antennae rufo-testaceae, pilosae, capite thoraceque vix longiores, articulo primo latitudine longior, antice supra exciso, 2, 3, 4 et 6 latitudine longioribus, quinto elongato, 7—8 minutis, septimo subquadrato, octo transverso, tribus ultimis abrupte majoribus, 9—10 subquadratis, ultimo conico, obtuso.

Caput transversum, angulis obtusis, rufo-castaneum, nitidum, pilosum; oculis vix prominulis.

Thorax ovalis, convexus, nitidus, pilosus, basi utrinque transversim impressus bifoveolataque.

Elytra breviter ovalis, subglobosa, punctulata, dense ochraceo-pilosa; subnitida; rufo-castanea, basi parum impressa; plica humerali subelevata; sutura apice impressa.

Pedes rufo-testacei, femoribus clavatis.

Anm. 1. Ich besitze einen Seydmaeniden von Neu-Friburg, welchen ich, obgleich er viel dunkler, auf den Flügeldecken weniger behaart, ausserdem aber nicht verschieden ist, für dieselbe Art, wie oben beschrieben, halte.

55. **Eum. flaveolus:** *obovatus, rufo-testaceus, nitidus, dense pubescens, thorace quadrifoveolato elytrisque punctulato-piliferis, pilis brevibus.*

Long.: $1^{1}/_{2}$ mm., lat.: $^{2}/_{3}$ mm.

Habitat in planatibus chilensibus („las Pampas"); leg. Dom. Germain.

Antennae capite thoraceque longiores, articulo primo elongato, antice crassiusculo, 2—4 subaequalibus, quinto longo, sexto subquadrato, 7—8 minutis extus dilatatis, tribus ultimis majoribus, nono ovali, decimo subquadrato, ultimo obovato.

Caput subquadratum, postice utrinque rotundato- vix angustatum; oculis vix prominulis.

Thorax breviter-ovalis, ante medium latissimus, valde convexus, subtilissime punctulatus, punctis piliferis, basi leviter rotundatus, quadrifoveolatus.

Elytra obovata, basi truncata leviter impressa, plica humerali leviter elevata; nitida, subtilissime punctulata, ochraceo-pubescentia.

Pedes flavo-testacei, femoribus clavatis.

Anm. 1. Die Type befindet sich in der Sammlung des Herrn Vicomte von Bonvouloir.

*56. **Eum. commilitonis:** *rufo-castaneus, subnitidus, dense pubescens; thorace subgloboso, basi quadrifoveolato; elytris breviter ovalibus, basi truncata, punctulato-pilosis.*

Long.: $1^{2}/_{3}$ mm., lat.: $^{3}/_{4}$ mm.

Habitat in Mexico (Teapa).

Antennae capitis thoracisque longitudine, ultimis tribus articulis abrupte majoribus, septimo octoque minutis extus parum productis, nono subquadrato, decimo parum transverso, ultimo breviter obovato, obtuso.

Caput subquadratum, angulis obtusis, fronte modice convexum, pilosum; oculis non prominulis.

Thorax subglobosus, lateribus ante medium latissimis, postice vix attenuatus, basi truncatus, ante basin utrinque bifoveolatus.

Elytra breviter ovalis, basi truncata; convexa, laevis, subtilissime punctulata, punctis piliferis, pilis brevibus; basi scutelloque profunde impressis, plica humerali distincta.
Pedes pallidi, femoribus clavatis.

*57. Eum. sphaericollis: *obovatus, rufo-brunneus, subnitidus, pubescens; caput subquadrato, transverso; thorace breviter subcordato, convexo; elytris ovalibus,dense pubescentes; tarsis anticis in ♂ dilatatis in ♀ simplicibus.*

Long.: 1½ mm., lat.: ⅔ mm.
Habitat in America australi (ad flumen Amazonum); leg. Dom. Bates.

Statura Sc. bifoveolati.

Antennae capite thoraceque longiores, testaceae, pilosae, articulo primo crasso, elongato, 2 et 5 elongatis, longitudine aequalibus, 3—4 aequalibus, latitudine longiores, 6 rhomboidale, 7—8 transversis minutis, octo intus producto, tribus ultimis abrupte majoribus, omnino ut in Sc. Hellwigii conformatis.

Caput subquadratum, transversum, lateribus leviter rotundatis; disperse pilosum, rufo-brunneum.

Thorax subcordatus, convexus, fere globosus; ante medium dilatatus, lateribus postice angustatis, basi deflexus, angulis posticis obtusis; pubescens, rufo-brunneus.

Elytra ovalis, convexa, pilifera, rufo-brunnea; plica humerali nulla.
Corpus subtus rufo-brunneum, pubescens.
Pedes testacei, femoribus clavatis.

Anm. 1. Diese Art steht der vorhergehenden sehr nahe, unterscheidet sich aber sofort durch Fehlen der verhältnissmässig groben Punkte auf den Flügeldecken; sie ist kürzer, das Halsschild gewölbter, Flügeldecken kürzer, im Ganzen etwas breiter.

Anm. 2. Ein Männchen in Herrn von Bonvouloir's Sammlung, ein Weibchen, leider schadhaft, in der meinigen.

58. **Eum. rubens:** *rufo-castaneus, nitidus, setosus; thorace subcordato, parum longior quam latior, basi quadrifoveolato; elytris ampliatis, subtile punctulato-piliferis.*

Long. 1³/₄ mm., lat.: ³/₄ mm.
Habitat in Columbia (Caracas! Mus. Berol.).

Scydmaenus rubens, Schaum, Analecta entomol., p. 28, Nr. 40.
Sc. tarsati statura fere similis, sed totus rufo-castaneus, nitidus, elytris medio ampliatis etc. differt.

Antennae capitis thoracisque longitudine, articulo primo crasso, elongato, supra antice exciso, 2—6 subaequalibus, 2, 3, 4, 6, 7 subquadratis, quinto latitudine longiore, 5—8 minutis, octo transverso, tribus ultimis abrupte majoribus, sensim latioribus, ultimo maximo, obovato, obtuso.

Caput transversum, postice subtruncatum; fronte modice convexa; oculis vix prominulis.

Thorax latitudine longior, subcordatus, lateribus antice rotundatus, basi truncatus; supra convexus, laevis, ante basin utrinque foveolis duabus impressis.

Elytra elliptica, thorace vix duplo latior; modice convexa, subtiliter vage punctulata, pubescens; basi scutellaque impressis; plica humerali elevata.

Pedes elongati, rufo-testacei, femoribus versus apicem clavatis.

Anm. 1. Die Type befindet sich im Berliner Museum und ward mir zur Benutzung übersendet.

*59. **Eum. subnudus:** *rufo-castaneus, nitidus; thorace elongato-subovato, postice truncato, basi utrinque foveolis impressis; elytris subovatis, disco punctatis.*

Long.: 2¹/₄ mm., lat.: ⁹/₁₀ mm.
Habitat in Brasilia.

Antennae capitis thoracisque longitudine, ultimis tribus articulis abrupte majoribus, septimo minuto, 9—10 ovalibus, ultimo maximo, elongato, acuminato.

Caput subrotundatum, postice subtruncatum, lateribus rotundatis, postice angustatis; fronte modice convexa; oculis minutis, non prominulis.

Thorax elongatus, subovatus, (lateribus antice rotundatis, ante medium latissimis, postice parum attenuatis), basi truncatus, supra convexus, laevis, ante basin utrinque oblique foveolis duabus impressis.

Elytra subovata, thorace vix duplo latiora, medio ampliata, postice obtuse rotundata, supra modice convexa, sutura apice impressa, humeris non prominulis, disco sparsim punctata, punctis raribus piliferis.

Pedes elongati, rufo-testacei, femoribus versus apicem clavatis.

60. **Eum. latus:** *obovatus, subnitidus, parce pilosus, rufo-castaneus, pedibus dilutioribus; capite subquadrato; thorace elongato, subcordato, basi utrinque bipunctato; elytris ovalibus, pilosis; antennis articulo quinto elongatis.*

Long.: $3\frac{1}{2}$ mm., lat.: $1\frac{1}{3}$ mm.

Tab. 4, Fig. 18.

Habitat in Caracas.

Antennae capite thoraceque longiores, geniculatae, pilosae, dilute rufo-castaneae, articulo primo crassiusculo, antice exciso, 2—4 subaequalibus, latitudine longioribus, quinto elongato, 6—8 subquadratis, tribus ultimis elongato-majoribus, sensim crassioribus, ultimo acuminato.

Palpi rufo-testacei.

Caput subquadratum, angulis rotundatis; subconvexum, inter antennas leviter excavatum; castaneum, parce pilosum, oculis haud prominulis.

Thorax elongatus, antrorsum rotundato-dilatatus, lateribus posticis rectis, bipunctatis, angulis obtusis, basi late rotundatus, marginatus, postmedium parum convexus, subnitidus, castaneus, lateribus hirsutulus (an dorso defricatus?).

Elytra late ovalis, convexa, rufo-castanea, pilosa; basi leviter impressa; plica humerali haud prominenti fere nulla.

Corpus subtus rufo-castaneum, parce pilosum.

Pedes rufo-testacei, femoribus parum clavatis.

Anm. 1. Die letzten Maxillartasterglieder bilden eine ovale Keule, das vierte Glied kann ich als gesondertes nicht erkennen.

Anm. 2. Das einzige mir bekannte Exemplar besitzt Herr Vicomte von Bouvouloir, welcher es von Herrn Legationssecretair v. Landsberge empfing.

Anm. 3. Die von v. Motschulsky l. c. aufgestellte und von Le Conte angenommene Gattung Microstemma, welche, wie erwähnt, mit der Gattung Eumicrus zusammenfällt, zeichnet sich nach v. Motschulsky durch gekniete Fühler aus — eine Eigenschaft, die wir bei den echten Seydmaeniden (z. B. Sc. hirtipes Schauf. und humeralis Schauf.) eben auch finden.

*61. Eum. cognatus: *elongato-obovatus, rufo-castaneus, nitidus, parce pilosus; thorace subcordato, basi utrinque bifoveolato; elytris ♂ elongato ovatis ♀ ellipticis, laevibus, parce pilosis.*

Long.: $2^1/_3$ mm., lat.: $1^1/_8$ mm.

Habitat in Columbia.

Scydmaenus cognatus, Schaum. (!) Analecta entom., p. 29, Nr. 43.

Antennae capitis thoracisque longitudine, graciliores, rufo-testaceae, articulo primo crasso, elongato, antice supra exciso, 2, 3, 4, 6 longitudine, subaequalibus, quinto elongato, 7—8 minutis, subquadratis, tribus ultimis abrupte majoribus, sensim crassioribus, ultimo obovato, elongato, acuminato.

Caput subquadratum, transversum, angulis posticis subangustato-rotundatis, rufo-castaneum, sparsim hirsutum; fronte modice convexa; oculis parum prominulis.

Thorax latitudine longior, antice globosus, postice utrinque vix attenuatus, basi truncatus; rufo-castaneus, laevis, parce pilosus, ante basin utrinque foveolatus.

Elytra ovata, versus apicem angustata, post media latissima; convexa, nitida, rufo-castanea, laevis, sparsim vix punctulato-pilifera; basi parum sutura apice impressa; plica humerali distincta.

Pedes elongati, rufo-testacei, femoribus clavatis.

Anm. 1. Eine Schaum'sche Type des Berliner Museums liegt mir zur Benutzung vor.

Anm. 2. Die Art ist leicht an den beim Männchen von hinter der Mitte an nach hinten verengten Flügeldecken und daran zu erkennen, dass das dritte Fühlerglied länger als das zweite, vierte und sechste, aber kürzer als das fünfte ist. Bei der Kleinheit des Objectes verschwindet jedoch die Deutlichkeit der Längenverhältnisse der Fühlerglieder unter der Loupe, je besser dieselben erhalten sind, d. h. je weniger der Pubescens beim Tödten und Präpariren geschadet ist.

Anm, 3. Das Exemplar (♂) des Königl. Museums in Berlin ist mit Columbia bezeichnet, von ebendaher habe ich ein ♀, welches nach hinten nicht so verengt ist, wie gewöhnlich. In der Chevrolat'schen Sammlung befindet sich auch ein ♀, Vaterlandsangabe „Granada". — Zwei andre Stücke meiner Sammlung sind von „Managua" — also auch vom Ufer des Nicaragua-See's.

Anm. 4. Das typische Exemplar, welches mir vorliegt, zeigt die Eindrücke auf dem Halsschilde nur schwach, ebenso ein ♂ meiner Sammlung, während die ♀, welche überhaupt etwas robuster sind, auch deutliche Foveolen haben.

* 18. **Eum. brunneus:** *rufo-castaneus, nitidus, pilosus; capite subquadrato; thorace subcordato, basi quadri-foveolato; elytris ovato-ellipticis.*

Long.: 2 mm., *lat.:* 1 ⅕ mm.

Habitat in Columbia (Managua) et Mexico (Teapa).

Antennae capitis thoracisque longitudine, graciliores, rufo-testaceae, articulo primo elongato, crasso, antice supra exciso, 2, 3, 4, 6 longitudine subaequalibus, quinto elongato, 7—8 minutis, subquadratis, extus leviter dilatatis, tribus ultimis abrupte majoribus, sensim latioribus, nono latitudine longiore, decimo subgloboso, ultimo maximo, obovato, acuminato.

Caput subquadratum, vix transversum, angulis posticis obtusis parum attenuatis; fronte modice convexa; oculis vix prominulis.

Thorax latitudine dimidia longior, subcordatus (lateribus antice rotundatis, ante medium latissimus, postice attenuatus), basi truncatus; supra convexus, laevis, disperse pilosus, ante basin utrinque bifoveolatus.

Elytra subovata, fere elliptica; convexa, nitida, disperse subtiliter punctulata, pilis raris obsita; basi leviter impressa; plica humerali parum elevata. Pedes elongati, rufo-testacei, femoribus clavatis.

Anm. 1. Vorstehender Beschreibung des (Sc.) Eum. brunneus, Schaum, Anal. ent., p. 29, hat eine Type des Königl. Museums zu Berlin zu Grunde gelegen. Schaum sagt l. c.; „Sc. rubenti simillimus sed antennis paulo gracilioribus, thorace longiore et angustiore, postice magis attenuato, ante basin bifoveolato distinguendus." Dies ist jedoch zum Theil falsch, denn, nachdem ich mir erlaubt hatte, die Type des Eum. brunneus an der Basis des Halsschildes zu reinigen, kamen sehr schön deutlich die üblichen zwei Grübchen jederseits zum Vorschein. Schaum hatte den Schmutz zwischen und auf beiden Grübchen für eine Grube angesehen. Ebenso nahm es Schaum mit den Bezeichnungen ovatus, punctatus, foveolatus etc. nie genau, wie ich schon a. a. O. gerügt habe, kein Wunder, dass meine Diagnosen über seine Thiere häufig nicht mit den seinigen harmoniren.

Anm. 2. Ausser dem columbischen Exemplare des Königl. Museums in Berlin befinden sich in meiner und französischen Sammlungen einige Eum. brunneus von Teapa in Mexico. Sie sind etwas dunkler als die Schaum'sche Type. Die ♂ haben bedeutend erweiterte Vordertarsen, die Eindrücke auf dem Halsschilde sind bald mehr, bald weniger tief.

Hierher gehört der mir in Natur unbekannte, Analecta entom., p. 29 von Schaum folgendermaassen beschriebene:

63. „**Eum. affinis**: *brunneus, nitidus, dense pubescens, thorace ovali, basi bipunctato, coleopteris ovatis, laevibus.*
Long.: 1 *lin.*
Habitat in Columbia: *Dom. Moritz. Mus. Berol.*

Sc. brunneo simillimus, sed pube densa adpressa undique tectus. Antennae omnino ut apud Sc. brunneum conformatae, modo articulis tribus ultimis paulo majoribus. Thorax ante basin medio punctis duobus impressus, angulis posticis foveolatus. Color brunneus. Cetera omnia (o) ut in praecedente."

Thorax conicus.

64. **Eum. Idoneus**: *oboeatus, pubescens; thorace conico, elytris ovatis, lacribus, pubescentibus.*

Long.: 1⅓ mm., lat.: ½ mm.
Habitat in Venezuela.

Scydm. elliptici statura simillimus, differt pubescentia densiore et antennarum articulis tribus ultimis majoribus.

Antennae testaceae, albopilosae, capite thoraceque longiores, articulis 1—2 crassis ad basin angustatis, 3—7 subquadratis, octo breviter transverso, tribus ultimis abrupte majoribus, 9—10 transversis, ultimo breviter conico, antice rotundato.

Caput obscure testaceum, postice rotundatum: convexum, subnitidum, disco parce, postice lateribusque dense-pilosum; oculis prominulis.

Thorax conicus, antice truncatus, basi rotundatus, lateribus rectis; convexus, subnitidus, pubescens.

Elytra ovata, basi truncata, impressa; nitida, parum convexa, testacea, pubescens; plica humerali distincta.

Corpus subtus testaceum, pubescens.

Pedes flavo-testacei, femoribus elongato-clavatis; tarsi pallidi.

Anm. 1. Die Vordertarsen meines Exemplares haben leicht erweiterte, erste Glieder. Der Kopf ist durch einen Druck leider etwas verdorben.

b. Antennarum articulis quatuor ultimis sensim leviter crassioribus.

65. **Eum. dux**: *elongato-oboratus, rufo-castaneus, pilosus; capite inter antennas impresso; thorace minuto, latitudine longiore, antrorsum angustato; clytris oboratis, basi thorace latioribus; antennis longissimis, fere filiformibus.*

Long.: 1¼ mm., lat.: fere 2 mm., thorace long. 1 mm., lat. ad basin. 1 mm., elytr. long.: 2²/₃ mm., antennis long. 3²/₃ mm.
Tab. 4, Fig. 19.
Habitat in Caracas.

E. maximus hujus generis.

Antennae corporis longitudine parum breviores, fere filiformae, articulis elongatis, quatuor ultimis praecedentibus parum brevioribus sensim leviter crassioribus.

Caput minutum, subtriangulare, angulis rotundatis; subnitidum, dense pilosum, convexum, supra antennarum basi gibbosum.

Thorax minutus, subconicus, angulis lateribusque rotundatis, ad angulos posticos gibbulosus, vix impressus; nitidus, rufo-castaneus.

Elytra fere ²/₃ corpore longitudine, obovata, basi thorace latiora, post mediam ampliata; dilute castanea, convexa, subnitida, disco ad suturam subdepressa, basi media impressa; plica humerali distincta.

Corpus subtus castaneum.

Pedes dilute castanei, tenui, femoribus parum clavatis.

Anm. 1. Die beiden letzten Palpenglieder sind zu einer länglichen Keule verwachsen, der Ring um dieselbe jedoch deutlich sichtbar.

Anm. 2. Der grösste, von Schaum gekannte Scydmaenus, war Sc. castaneus (Anal. ent., p. 26); der eben beschriebene ist ohngefähr doppelt so lang.

Anm. 3. Das einzige, mir bekannte Exemplar, kam durch Herrn Legationssecretair von Lansberge in Herrn Vicomte von Bonvouloir's Sammlung Es ist leider sowohl durch Schimmel als durch Bruch verdorben, doch glaube ich, es genügen diese Beschreibung und Abbildung zum Wiedererkennen der Art.

Hier ist wahrscheinlich der mir in Natur unbekannte

66. **Eum. procer** *Motsch. Etudes ent. 1858. p. 30.* von welchem der Autor Folgendes schreibt:

„Une austre espèce à corselet conique, le Scydmaenus procer de Colombie, est la plus grande du genre, ayant environ 1²/₃ l. de longeur. Par sa forme elle est voisine du Scyd. Motschulskyi Schmidt, mais avec les antennes aussi longues que tout le corps, et dont les cinq derniers articles sont un peu élargis et plus courts que les précédents. La tête a une impression carrée en avant et le corselet une transversale près de la base. Les élytres sont pointillées et recouvertes de poils épais et relevés",
einzuschalten.

c. Antennarum articulis quatuor ultimis majoribus.

67. Eum. brevicornis: *rufo-castaneus, palpis tarsisque pallidis, parum nitidus, pubescens; thorace conico, antice truncato: elytris ovatis, pubescentibus, subtilissime sparsim punctulatis.*

Long.: 1²/₅ mm., *lat.* ³/₅ mm.

Habitat in insula Cuba: leg. Dom. Gundlach.

Scydmaenus brevicornis Gundl. i. l.

Sc. Macklinii statura et magnitudine simillimus sed thorace convexo antice angustiore, pubescentia rariore dignoscendus.

Antennae capite thoraceque vix longiores, castaneae, albo-pilosae, crassiusculae, articulis 1—2 cylindricis, longitudine aequalibus, 3—6 submoniliformibus, septimo transverso, quatuor ultimis majoribus, 8—10 transversis, ultimo praecedente fere duplo longiore, acuminato.

Palpi testacei.

Caput subglobosum, castaneum, pilosum, oculis parum prominulis.

Thorax conicus, convexus, antice truncatus, basi parum rotundatus; castaneus, nitidus, pubescens.

Elytra ovata, castanea, sparsim pubescens, subtilissime punctulata.

Corpus subtus castaneum, abdomine pedibusque dilutioribus.

Tarsi pallidi; femores clavati.

Anm. 1. Ich habe nur das einzige Exemplar, welches sich in der Riehl'schen Sammlung befindet, vor mir gehabt, und da ein Eumicrus mit viergliederiger Keule mir noch nicht vorgekommen war, versuchte ich dasselbe mit Hülfe des Microscopes genauer zu untersuchen und notirte:

Ich kann, nachdem das Thierchen wohl aufgeweicht und möglichst gereinigt ist, die beiden letzten Maxillartasterglieder nur als zu einer Keule verwachsen erkennen. Die Mittelbrust ist schmal aber deutlich gekielt, die hintern Trochanteren sind schmal, etwa ein Fünftheil der Länge der Schenkel einnehmend, also kurz, und sitzen an der Innenseite der letzteren.

Cephennium. Müll.

Mandibulae breves, falcatae, parte basali lata, apicali brevi, apice ipso emarginato.
Ligula latitudine menti, transversa, apice vix emarginata.
Palpi maxillares articulo tertio quartoque oviforme.
Thorax amplus subquadratus, antice elytris latior.

68. C. spinicolle: *subovale, rufo-testaceum, nitidum, ochraceo-pubescens; capite transverso; thorace longitudine latiore, lateribus anticis deflexis et multispinosis, angulis posticis linea impressa; elytris thorace is latiores, postice attenuatis, pubescentibus.*
Long.: 1·8 mm., lat.: ⅗ mm.
Tab. 1. Fig. 20 a a. b. c.
Habitat in Nova-Granata ad flumen Magdalenae.

Antennae corpore dimidio longiores, quarum articuli 1, 2 et 7 —, 3, 4, 5 et 8 longitudine et latitudine aequales, hac subquadratis, alteri elongatis, tribus ultimis sensim majoribus, 9 10 subquadratis, ultimo valde elongato.

Caput transversum, antice rotundatum transverse impressum, supra antennarum basi gibbosum; nitidum, leviter pubescens; oculis prominulis fortiter granulatis.

Thorax subtransversus, convexus, nitidus, pubescens; lateribus ante medium valde deflexis et (5-) spinosis, ad posticem vix angustatis, leviter serratis; angulis posticis parum sinuatis, acutis, foveatis, fovea cum linea impressa.

Elytra basi thorace vix latior, ad posticem angustata, apice convexa; rufo-testacea, pubescens, basi in media puncto impressa plica humerali carinata.

Mesosternum fortiter carinatum.

Totus rufo-testaceus, palpi pedesque pallidiores.
Femores parum clavati.

Anm. 1. Das dritte Maxillartasterglied ist oval, vorn schief abgestutzt, das vierte Glied ist an der Basis so breit als das vorhergehende am Ende und nur halb so lang, also quer.

Anm. 2. Dieses für die Fauna von Süd-America so höchst interessante Thier befand sich zweimal in der Sammlung des Herrn v. d. Bruck. Für das mir überlassene zweite Exemplar sei ihm hiermit herzlich gedankt.

I.
Register
der beschriebenen oder neubenannten Scydmaeniden-Arten.

	Seite		Seite
Cephennium spinicolle . . .	95	*Eumicrus speculator*	79
Eumicrus affinis	90	*sphaericollis*	85
annulicornis . . .	77	*subnudus* . .	86
bisphaericus	82	*venustus* . .	80
brevicornis	93	*Scydmaenus absconditus* . .	61
brunneus	89	*antennatus* .	46
cognatus	88	*asserculatus* . . .	68
commilitonis	84	*v. Bacchus*	41
deplanatus	81	*Batesii* . .	71
dux	91	*biimpressus* .	39
flaveolus	84	*bifoveolatus* .	65
Idoneus	91	*Boucouloirii* . .	73
impressicollis .	83	*breviceps* .	58
latus . . .	87	*campestris*	47
mexicanus	78	*castaneus* .	60
minutissimus	77	*cavifrons* .	38
procer . . .	92	*Cherrolatii*	69
pubescens	76	*corpulentus* .	43
rubens	86	*crassicornis* . .	63
semipunctatus	81	*dentipes* . . .	71

	Seite		Seite
Scydmaenus elegans	52	*Scydmaenus* nanulus	44
ellipticus	40	nitens	60
festivus	66	nodicornis	70
galericulatus	51	patens	66
gibbulus	39	piliferus	49
globulicollis	64	plicatulus	42
granulicollis	50	pustulatus	46
Gundlachii	59	simplicitus	57
hirsutus	41	spinipes	73
hirtipes	53	subimpressus	55
humeralis	54	suturalis	53
inconspicuus	44	terminatus	56
latitarsus	62	testaceus	49
Lecontei	44	trifoveatus	57
longiceps	67	trigeminus	37
longipalpis	45	validicornis	48

II.

Register

der citirten Arten und Gattungen.

	Seite		Seite
Anthicus bicolor	6. 60	Eumicrus Delarouzei	12
Brathinus	11. 25	latipennis	8
Cephennium	25. 33	longicornis	4
breviusculum	8	Nietneri	8
corporosum	11	obtusus	8
fulvum	9	procer	8
intermedium	11	sericeicollis	8
Kiesenwetteri	10	trinodis	8
laticolle	10	Zimmermannii	8
minutissimum	9	Euprinoides glabrellus	7
perispunctum	10	Eutheia	25. 28. 33
Chevrolatia	10. 25	flavipes	7
Cholerus	30. 33	linearis	12
Clidicus	25	Schaumii	10
grandis	7	scydmaenoides	7. 13
Euconnus	29. 33	Heterognathus	31. 33
Eumicrus	30. 33	Leptomastax	11
brunnipennis	8	Delarouzei	12
crassicornis	8	hypogaeum	11
cyrtocerus	8	Mastigus	25

Monographie der Scydmaeniden.

	Seite		Seite
Mastigus acuminatus	8	Scydmaenus basalis	11
bifoveolatus	10	bicolor	2. 11
caffer	10	brevicornis	6. 11
deustus	6	brunneus	2. 17
flavus	6	californicus	7. 11
fuscus	6	capillosulus	11
glabratus	6	castaneus	2
liguricus	11	Chevrolatii	17. 32
longicornis	10	cinnamomeus	9
palpalis	6	clavatus	11
pilicornis	10	claviger	13
prolongatus	7. 9	clavipes	6. 11
Megaladerus	31. 33	cognatus	2. 17
Microdema	33	collaris	10
Microstemma	8. 33	confusus	12
grossa	11	conicicollis	11
Motschulskii	11	conicollis	7
Napochus	29. 33	consobrinus	11
Neuraphes	28. 33	conspicuus	9
Notoxus deustus	7	crassicornis	2
flavus	7	cribrarius	11
Phagonophana	31	deflexicollis	9
Pselaphus Hellwigii	6	denticornis	17
hirticollis	6	distinctus	12
Psapharobius	31	dux siehe regius	32
Ptinus spinicornis	6. 7	elongatus	8. 13
Pyladus Coquerili	11	exilis	9
Scydmaenilla	31	fatuus	11
Scydmaenoides nigrescens	8	Ferrarii	10
Scydmaenus	28. 31. 33. 37	fimetarius	10. 17
abbreviatellus	7	flavitarsis	11
abditus	12	fossiger	11
affinis	2. 17	fulvus	11
analis	11	furtivus	12
angulatus	8. 13	gibbosus	9
angustatus	10. 11	Godarti	6. 8. 13
antidotus	8	gracilis	11
atomus	8	gravidus	11

Von Dr. L. W. Schaufuss. 101

	Seite		Seite
Scydmaenus haematicus	11	Scydmaenus quadratus	17
Helferi	9	Raymondii	12
Hellwigii	17	rasus	11
helvolus	9	regius (liess dux)	32
hirtellus	11	rotundipennis	9
hirticollis	10. 13	rubens	2. 17
humeralis	17	rubicundus	9. 13
intrusus	9. 10	salinator	11
Kiesenwetteri	9	Schaumii	11
Kunzei	7	Schioedtei	10
latitarsis	17	scutellaris	S. 13. 17
Linderi	12	scydmaenoides	9
Loewii	10	semipunctatus	11
longicollis	7. 12	sparsus	11
longicornis	10. 32	spissicornis	11
Macklinii	10	Stevenii	10
Mariae	11	styriacus	S. 9
minutus	10	subcordatus	11
misellus	11	subpunctatus	11
Motschulskii	11	sulcatulus	11
Motschulskyi	7. 17	suturalis	32
muscorum	11	suturellus	5
myrmecophilus	10	tarsatus	17
nanus	9. 11	tauricus	7
nigriceps	8	tenuicornis	8
oblongus	S. 8	testaceus	2
obscurellus	11	transversus	8
parallelus	10	tritonius	10
perforatus	9. 10	tuberculatus	10
promptus	12	validicornis	2
propinquus	10	vulpinus	9. 17
protervus	12	Wetterhalii	6
pubicollis	S. 17	Zimmermannii	9. 11
pusillus	17	Stenichus	28. 35
pyramidalis	11		

Erklärung der Abbildungen.

Tafel I.

Fig. 1. Scydmaenus trigeminus.   a. Fühler. b. Maxillartaster.
Fig. 2.   „   ellipticus.   a. „ b. „
Fig. 3.   „   campestris.   a. .. b.
Fig. 4.   „   humeralis ♀.   a. b.
Fig. 5.   „   trifoveatus   a. „ b.
Fig. 6.   „   breviceps.   a. .. b.

Tafel II.

Fig. 7. Scydmaenus patens.   a. Fühler. b. Maxillartaster.
Fig. 8.   „   Chevrolatii.   a. „ c.   b. weiblicher, d. männ-
        licher Vorderfuss.
Fig. 9.   „   nodicornis.   a. „ b. „
Fig. 10.   „   dentipes.   a. „ b. Hinterbein, c. Maxillartaster.
Fig. 11. Maxillartaster des Scydm. Batesii.   a. letzte Fühlerglieder desselben.
Fig. 12. Kopf des Scydm. spinipes.   a. letzte Fühlerglieder und b. Maxillartaster
        desselben.

Tafel III.

Fig. 13. Kopf des Scydm. Bouvouloirii, a. letzte Fühlerglieder und b. Maxillartaster desselben.
Fig. 14. Eumicrus pubescens, a. Fühler, b. Maxillartaster.
Fig. 15. „ annulicornis a. „ b. „
Fig. 16. „ minutissimus, a. b. „
Fig. 17. „ deplanatus, a. b. „

Tafel IV.

Fig. 18. Eumicrus latus.
Fig. 19. „ dux.
Fig. 20. Cephennium spinicolle, a. Halsschild von der Seite gesehen, c. dasselbe von oben, b. Fühler.

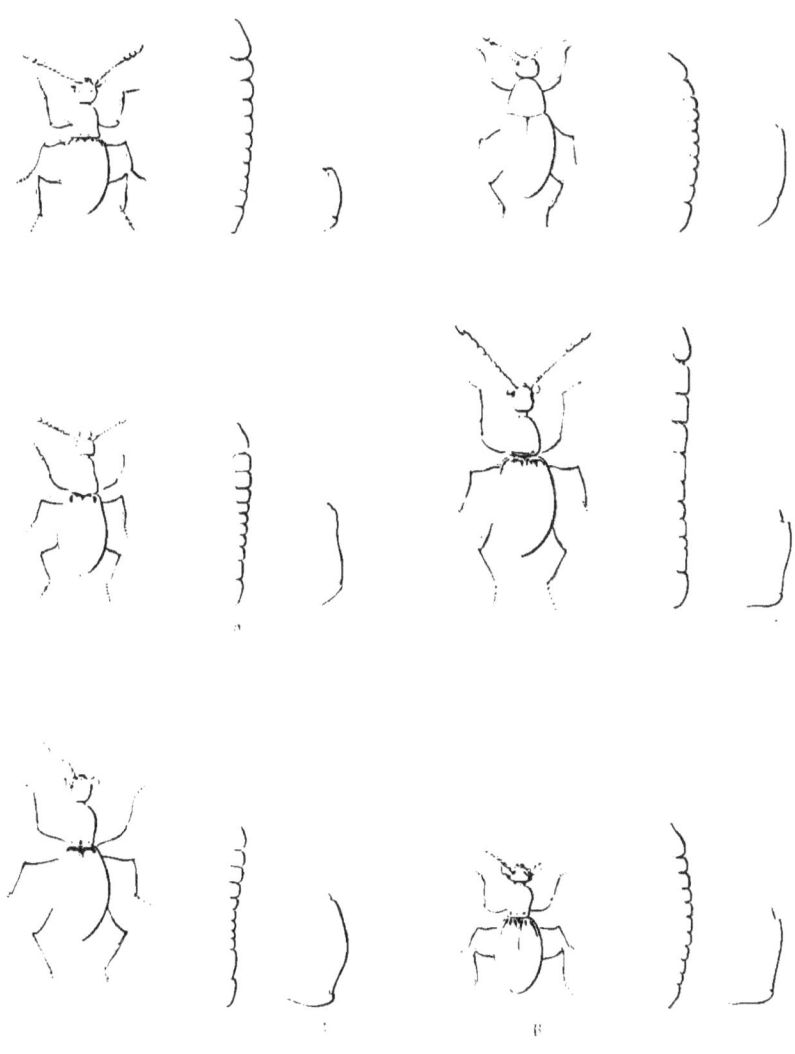

1. Scydmaenus trigeminus. 2. ellipticus. 3. campestris. 4. humeralis. 5. trifoveatus. 6. breviceps

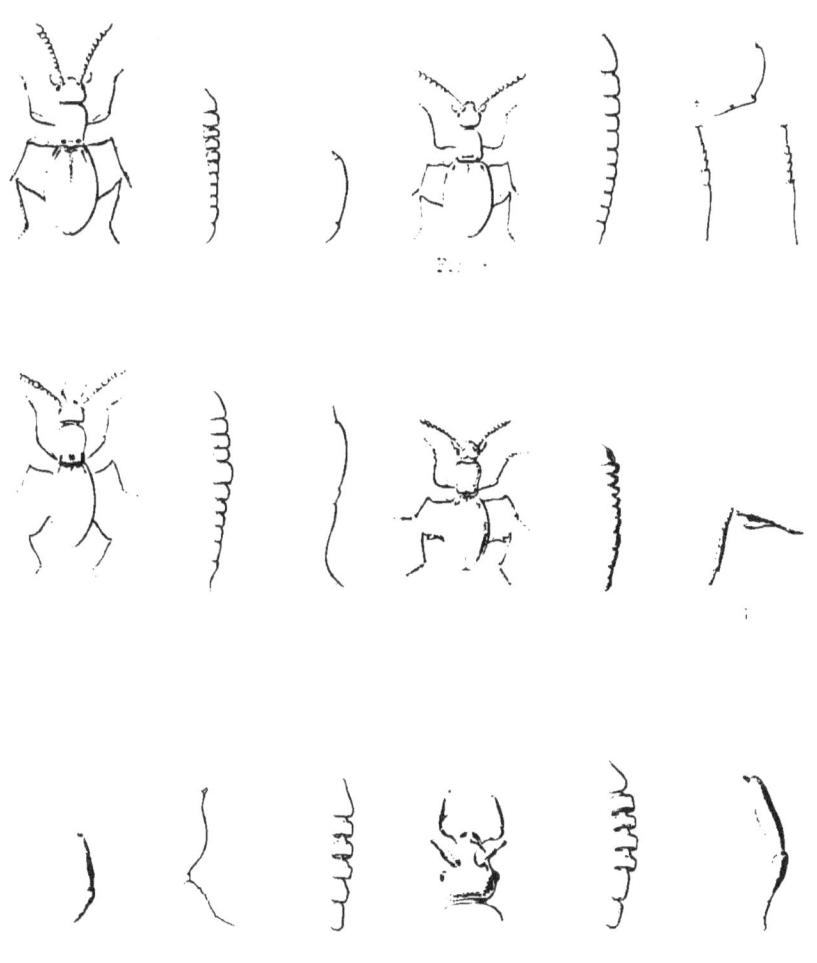

7. Scydmaenus patens. 8. Chevrolati. 9. nodicornis. 10. dentipes. 11. Batesii. 12. spinipe

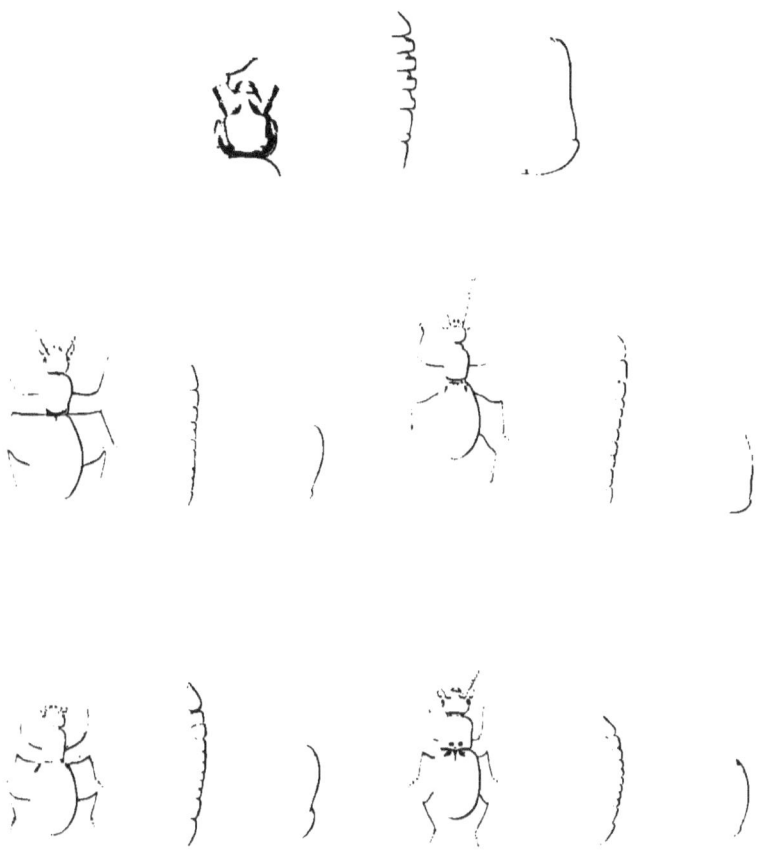

13. Scydmaenus Bouvouloirii. 14. Eumicrus pubescens. 15. anauhcornis. 16. minutissimus. 17. deplanatus

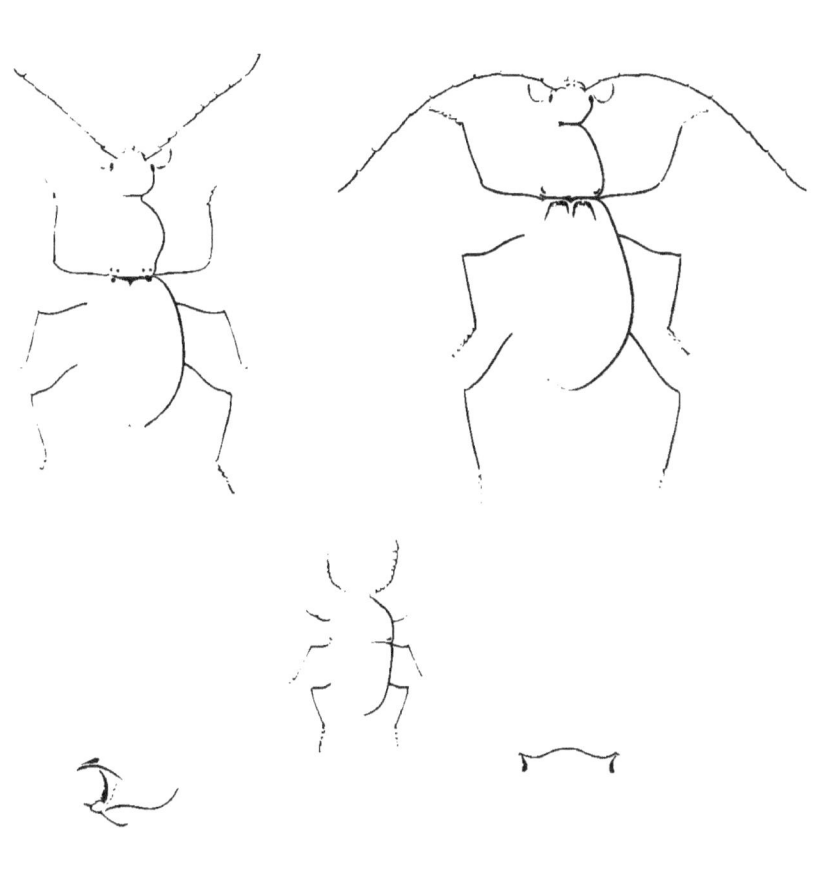

www.ingramcontent.com/pod-product-compliance
Lightning Source LLC
Chambersburg PA
CBHW020138170426
43199CB00010B/800